"创新设计思维"

数字媒体与艺术设计类新形态丛书

全|彩|慕|课|版

After Effects 2022

影视后期制作案例教程

曹茂鹏 编著

人民邮电出版社

北京

图书在版编目（ＣＩＰ）数据

After Effects 2022影视后期制作案例教程 : 全彩慕课版 / 曹茂鹏编著. -- 北京 : 人民邮电出版社，2023.11
（"创新设计思维"数字媒体与艺术设计类新形态丛书）
ISBN 978-7-115-62192-4

Ⅰ. ①A… Ⅱ. ①曹… Ⅲ. ①图像处理软件－教材 Ⅳ. ①TP391.413

中国国家版本馆CIP数据核字(2023)第119626号

内 容 提 要

本书主要使用 After Effects 2022 进行影视后期制作的基础知识讲解。全书注重案例选材的实用性、步骤的完整性、思维的扩展性，并结合案例的设计理念和制作思路，逐步提高读者的软件操作技能和设计能力。

全书共 12 章，主要内容包括 After Effects 2022 基础、图层的应用、常用视频和音频效果、动画、视频调色、为视频添加文字、蒙版和抠像、视频跟踪、视频输出、广告与电视栏目包装设计综合应用、短视频设计综合应用、影视特效设计综合应用。

本书可作为普通高等院校数字媒体技术、数字媒体艺术、影视摄影与制作、广播电视编导等相关专业的教材，也可作为从事影视制作、栏目包装制作、电视广告制作、后期编辑与合成相关工作人员的参考书。

◆ 编　著　曹茂鹏
　　责任编辑　许金霞
　　责任印制　王　郁　陈　犇
◆ 人民邮电出版社出版发行　　北京市丰台区成寿寺路 11 号
　　邮编　100164　电子邮件　315@ptpress.com.cn
　　网址　https://www.ptpress.com.cn
　　临西县阅读时光印刷有限公司印刷
◆ 开本：787×1092　1/16
　　印张：13.5　　　　　　　　　2023 年 11 月第 1 版
　　字数：348 千字　　　　　　　2025 年 1 月河北第 3 次印刷

定价：79.80 元

读者服务热线：(010)81055256　印装质量热线：(010)81055316
反盗版热线：(010)81055315
广告经营许可证：京东市监广登字 20170147 号

　　After Effects 是 Adobe 公司推出的影视特效软件，广泛应用于电影特效、电视特效、视频剪辑、电视栏目包装设计、广告设计、动画设计、自媒体短视频设计等领域。党的二十大报告指出：坚持以人民为中心的创作导向。要以优秀作品服务人民、服务社会。鉴于 After Effects 在影视行业的广泛应用，结合院校的人才培养需求，我们编写了本书。

本书特色

　　◎ 章节合理。第 1 章主要讲解 After Effects 2022 软件的入门操作，第 2 ~ 9 章按照技术划分讲解 After Effects 软件的具体应用，第 10 ~ 12 章是综合应用实操。

　　◎ 结构清晰。本书大部分章节采用"软件基础知识 + 实操 + 扩展练习 + 课后习题 + 课后实战"的结构，让读者实现从入门到精通 After Effects 软件的应用。

　　◎ 实用性强。本书精选实用性强的案例，使读者可以应对多种行业的设计工作。

　　◎ 步骤完整。本书案例除了提供详细的操作步骤外，大多数案例包括项目诉求、设计思路、配色方案、版面构图、项目实战等内容，有助于提升读者的综合设计素养。

　　本书是基于 After Effects 2022 版本编写的，请读者使用该版本或更高版本进行练习。读者如果使用过低的版本，则可能会出现源文件无法打开等问题。

本书内容

（第 1 章）　After Effects 2022 基础，主要内容包括 After Effects 界面、After Effects 常用面板、After Effects 的基本操作流程。

（第 2 章）　图层的应用，主要内容包括图层的创建与分类、图层的混合模式、图层样式及不同图层的应用。

（第 3 章）　常用视频和音频效果，主要内容包括常用的视频效果、音频效果及相关特效案例的讲解。

（第 4 章）　动画，主要内容包括认识关键帧动画，动画预设，表达式，关键帧插值、时间重映射和关键帧辅助，序列图层及动画案例的讲解。

（第 5 章）　视频调色，主要内容包括三十五种调色的效果及调色的应用。

（第 6 章）　为视频添加文字，主要内容包括文字的创建、文字的编辑、文本动画预设及文字的应用。

（第 7 章）　蒙版和抠像，主要内容包括各类蒙版工具、轨道遮罩、抠像效果及蒙版和抠像的应用。

（第 8 章）　视频跟踪，主要内容包括跟踪器面板及视频跟踪的应用。

（第 9 章）　视频输出，主要内容包括渲染队列输出、Adobe Media Encoder 队列输出及输出不同格式作品的方法。

（第 10 章）　广告与电视栏目包装设计综合应用，主要内容包括儿童教育机构宣传广告和中式水墨风格电视栏目包装设计。

第 11 章 短视频设计综合应用，主要内容包括"健康食品"短视频、"幸福时光回忆"短视频。

第 12 章 影视特效设计综合应用，主要内容包括电影文字追踪特效、炫酷电流特效、照片飞舞特效。

教学资源

本书提供了丰富的立体化资源，包括微课视频、案例资源、教辅资源、慕课视频等。读者可登录人邮教育社区（www.ryjiaoyu.com），在本书的线上页面中下载案例资源和教辅资源。

微课视频：本书所有案例配套微课视频，扫描书中二维码即可观看。

案例资源：所有案例需要的素材和效果文件，素材和效果文件均以案例名称命名。

教辅资源：本书提供 PPT 课件、教学大纲、教学教案、拓展案例、拓展素材资源等。

素材文件　　效果文件　　PPT 课件　　教学大纲　　教学教案　　拓展案例　　拓展素材资源

慕课视频：作者针对全书各章内容和案例录制了完整的慕课视频，以供读者自主学习；读者可通过扫描二维码或者登录人邮学院网站（新用户须注册），单击页面上方的"学习卡"选项，并在"学习卡"页面中输入本书封底刮刮卡的激活码，即可学习本书配套慕课。

慕课课程　　　　　　　　　　　　　　　　　　　慕课课程网址

作者团队

本书由曹茂鹏编著。参与本书编写和整理工作的还有瞿颖健、张玉华、瞿玉珍、杨力、曹元钢。由于时间仓促，加之编写水平有限，书中难免存在疏漏和不妥之处，敬请广大读者批评和指正。

编者
2023 年 11 月

第 **6** 章 106
为视频添加文字

第 **7** 章 123
蒙版和抠像

第 10 章 174
广告与电视栏目包装设计综合应用

第 11 章 185
短视频设计综合应用

第 12 章 196
影视特效设计综合应用

第1章

After Effects 2022基础

本章要点

本章主要学习 After Effects 2022，内容包括 After Effects 2022 界面、After Effects 2022 常用面板，以及 After Effects 2022 的基本操作流程。

知识要点

❖ After Effects 2022 界面

❖ After Effects 2022 常用面板

❖ After Effects 2022 基本操作流程

1.1 After Effects 2022界面

After Effects 2022的界面是由多个面板组成的。在After Effects 2022中可以打开或关闭当前面板、移动该面板到界面的其他位置、扩大或缩小当前面板，来选择合适的工作界面和面板，从而快捷、方便地完成作品。

1.1.1 After Effects 2022 的主界面

After Effects 2022的主界面由标题栏、菜单栏和各种面板组成，如图1-1所示。

图 1-1

1.1.2 修改界面的布局

在需要移动的面板顶部按住鼠标左键并将面板拖曳到合适的位置，如图1-2所示。

图 1-2

释放鼠标左键，此时界面效果如图1-3所示。

图 1-3

1.1.3 选择不同的工作界面

在菜单栏中执行【窗口】→【工作区】命令，在子菜单中可以选择需要的工作界面，如图1-4所示。

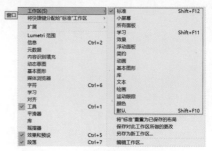

图 1-4

1.1.4 打开不同的面板

在菜单栏中执行【窗口】→【工作区】命令，可以单击选择需要的面板以激活该面板，如图1-5所示。

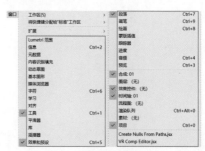

图 1-5

1.2 After Effects 2022 常用面板

After Effects 2022的常用面板有【项目】面板、【时间轴】面板、【工具】面板、【合成】面板、【效果和预设】面板、【效果控件】面板、【字符】面板、【段落】面板、【绘画】面板、【画笔】面板、【跟踪器】面板、【预览】面板和【渲染队列】面板，各个面板都有不同的属性与作用。

1.2.1 【项目】面板

【项目】面板是素材文件管理器，用于显示素材文件的名称、类型等信息，还可以存储素材、新建文件夹等，如图1-6所示。

图 1-6

1.2.2 【时间轴】面板

【时间轴】面板是After Effects的核心面板。可以在该面板中创建、控制和编辑图层。【时间轴】面板如图1-7所示。

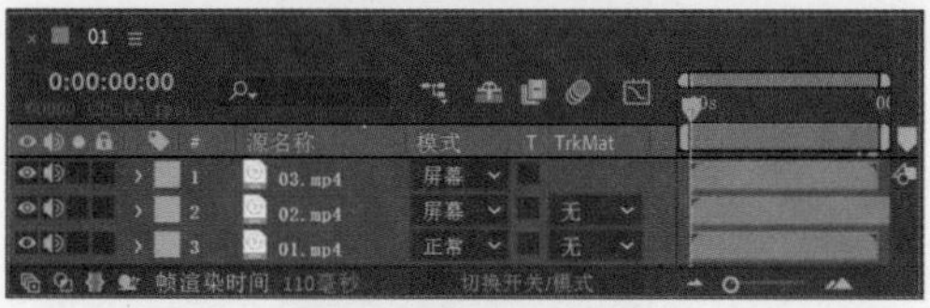

图 1-7

1.2.3 【工具】面板

【工具】面板包含选择工具、抓手工具、形状工具和文字工具等,使用该面板中的工具可以在【时间轴】面板和【合成】面板中制作合适的图形及效果。【工具】面板如图1-8所示。

图 1-8

1.2.4 【合成】面板

【合成】面板用于显示和查看素材及添加的效果等。【合成】面板如图1-9所示。

图 1-9

1.2.5 【效果和预设】面板

【效果和预设】面板提供了大量且丰富的动画预设、音频/视频效果、过渡效果等。可以将合适的效果添加到图层上,使画面更加酷炫。【效果和预设】面板如图1-10所示。

图 1-10

1.2.6 【效果控件】面板

【效果控件】面板用于为图层添加效果并设置属性及关键帧。【效果控件】面板如图1-11所示。

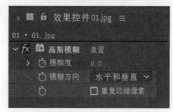

图 1-11

1.2.7 【字符】面板

【字符】面板用于设置文本的字体及其他属性。【字符】面板如图1-12所示。

图 1-12

1.2.8 【段落】面板

【段落】面板用于设置文本的对齐方式和首尾缩进等。【段落】面板如图1-13所示。

图 1-13

1.2.9 【绘画】面板

【绘画】面板用于设置绘画工具的不透明度、颜色、流量、模式、通道等属性。【绘画】面板如图1-14所示。

图 1-14

1.2.10 【画笔】面板

【画笔】面板用于设置画笔的属性。【画笔】面板如图1-15所示。

图 1-15

1.2.11 【跟踪器】面板

【跟踪器】面板用于设置跟踪视频中运动的对象，如图1-16所示。

图 1-16

1.2.12 【预览】面板

【预览】面板用于预览和控制播放效果，如图1-17所示。

图 1-17

1.2.13 【渲染队列】面板

【渲染队列】面板是通过设置合适的【渲染设置】、【输出模块】和【输出到】参数将制作好的文件输出。【渲染队列】面板如图1-18所示。

图 1-18

1.3 After Effects 2022 的基本操作流程

在After Effects 2022中无论是制作视频，还是制作简单的动画，都建议遵循基本操作流程。

1.3.1 新建合成

1. 创建

在【合成】面板中单击【新建合成】，如图1-19所示。

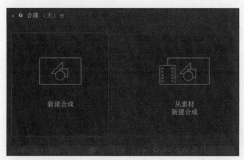

图 1-19

或者在【项目】面板的空白位置单击鼠标右键，在弹出的快捷菜单中执行【新建合成】命令，如图1-20所示。

图 1-20

在打开的【合成设置】对话框中单击【基本】选项卡，设置【预设】为HDTV 1080 25，接着单击【确定】按钮，如图1-21所示。

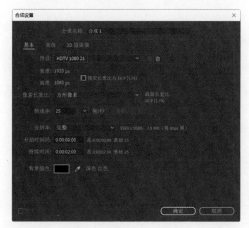

图 1-21

2. 创建自定义合成

在【合成】面板单击【新建合成】，在打开的【合成设置】对话框中单击【基本】选项卡，设置【预设】为自定义，【宽度】为3000 px，【高度】为2000 px，【像素长宽比】为方形像素，【帧速率】为25，单击【确定】按钮，如图1-22所示。

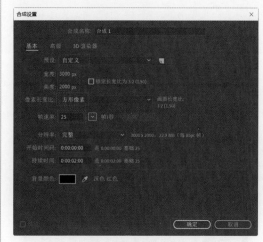

图 1-22

3. 创建与素材等大的合成

将项目面板中的素材拖曳到【时间轴】面板中，如图1-23所示。

图 1-23

或者在【合成】面板中单击【从素材新建合成】，如图1-24所示。

图 1-24

在打开的【导入文件】对话框中选中素材，接着单击【导入】按钮（组合键为Ctrl+I），如图1-25所示。

图 1-25

此时在【项目】面板中创建一个与素材等大的合成，如图1-26所示。

图 1-26

导入素材

在菜单栏中执行【文件】→【导入】→【文件】命令，如图1-27所示。

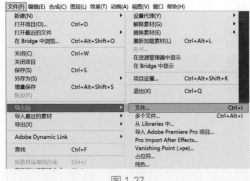

图 1-27

在打开的【导入文件】对话框中选中素材，接着单击【导入】按钮，如图1-28所示。

图 1-28

1.3.3 添加效果并设置合适的参数

在【效果和预设】面板中搜索合适的效果并拖曳到素材图层上，接着在【效果控件】面板中设置合适的参数，如图1-29所示。

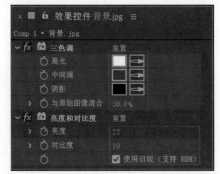

图 1-29

1.3.4 渲染输出

激活【时间轴】面板，接着在菜单栏中执行【文件】→【导出】→【添加到渲染队列】命令，如图1-30所示。

图 1-30

在打开的【渲染队列】面板中设置合适的【输出模块】和【输出到】参数，然后单击【渲染】按钮进行渲染，如图1-31所示。

图 1-31

1.4 课后习题

一、选择题

1. 关于界面中的面板，叙述错误的是（   ）。
   A. 可以打开或关闭当前面板
   B. 可以移动该面板到界面的其他位置
   C. 可以调大或调小当前面板
   D. 不可以改变面板的位置

2. 以下哪些面板不是After Effects的面板？（   ）
   A.【项目】面板
   B.【效果和预设】面板
   C.【效果控件】面板
   D.【效果】面板

二、填空题

1. 在After Effects中可以使用组合键_____导入素材。

2. 在After Effects中可以在_____面板中查找所需的效果类型。

三、判断题

1. 在【项目】面板中可以存储素材、新建文件夹。（   ）

2.【效果和预设】面板和【效果控件】面板是同一个面板。
（   ）

课后实战

• 导入素材、编辑素材并输出视频

作业要求：导入任意图片或视频，对素材进行简单编辑，最后将其输出为视频格式的文件。

第2章

图层的应用

After Effects 合成作品都是通过图层一层层叠加起来实现的。图层是基础，设计者通过创建不同的图层、编辑图层的属性，以及在图层上添加合适的效果来实现合成作品。本章主要学习图层的创建与分类、图层的混合模式、图层样式以及图层的应用。

本章要点

★ 知识要点

❖ 图层的创建与分类
❖ 图层的混合模式
❖ 图层样式
❖ 图层的应用

2.1 图层的创建与分类

在After Effects中，图层可以分为素材图层、文本图层、纯色图层、灯光图层、摄像机图层、空对象图层、形状图层、调整图层和内容识别填充图层，如图2-1所示。

图 2-1

2.1.1 素材图层

素材图层是将【项目】面板中的素材直接拖曳到【时间轴】面板中创建的图层，如图2-2所示。

图 2-2

此时在【时间轴】面板中创建了一个素材图层，如图2-3所示。

图 2-3

2.1.2 文本图层

文本图层可以用来在【合成】面板中创建文字及动画效果。在【时间轴】面板的空白位置单击鼠标右键，在弹出的快捷菜单中执行【新建】→【文本】命令，如图2-4所示。

图 2-4

在【合成】面板中输入合适的文本，如图2-5所示。

图 2-5

当然，还可以单击【工具】面板中的 ▉（横排文字工具）按钮，然后在【合成】面板中输入合适的文本，如图2-6所示。

图 2-6

此时在【时间轴】面板中自动创建了文本图层，如图2-7所示。

图 2-7

2.1.3 纯色图层

纯色图层可以用来创建纯色的背景。

9

在【时间轴】面板的空白位置单击鼠标右键，在弹出的快捷菜单中执行【新建】→【纯色】命令，如图2-8所示。

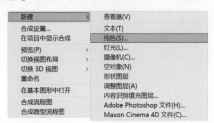

图 2-8

在打开的【纯色设置】对话框中设置合适的参数，如图2-9所示。

图 2-9

此时在【合成】面板中得到纯色效果，如图2-10所示。

图 2-10

在【时间轴】面板中自动创建了纯色图层，如图2-11所示。

图 2-11

2.1.4 灯光图层

灯光图层可以用来为场景设置真实的灯光和投影效果。在添加灯光图层时需要开启3D图层。

在【时间轴】面板中选中素材，并单击 ⬜（3D）按钮，开启3D图层，如图2-12所示。

图 2-12

在【时间轴】面板的空白位置单击鼠标右键，在弹出的快捷菜单中执行【新建】→【灯光】命令，如图2-13所示。

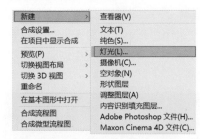

图 2-13

在打开的【灯光设置】对话框中设置合适的参数，如图2-14所示。

图 2-14

此时在【时间轴】面板中创建了一个灯光图层，如图2-15所示。

After Effects 2022
影视后期制作案例教程（全彩慕课版）

图 2-15

画面创建灯光图层前后的对比如图2-16所示。

图 2-16

2.1.5 摄像机图层

摄像机图层可以用来制作三维场景和三维动画。在【时间轴】面板的空白位置单击鼠标右键，在弹出的快捷菜单中执行【新建】→【摄像机】命令，如图2-17所示。

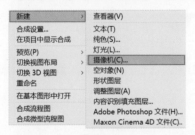

图 2-17

在打开的【摄像机设置】对话框中设置合适的参数，如图2-18所示。

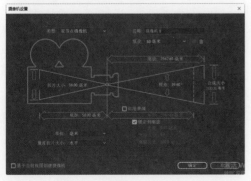

图 2-18

此时在【时间轴】面板中创建了一个摄像机图层，如图2-19所示。

图 2-19

2.1.6 空对象图层

空对象图层是将一些图层关联在空对象上，然后设计者调节空对象的参数就可以使其他图层跟随空对象的改变而改变。

在【时间轴】面板的空白位置单击鼠标右键，在弹出的快捷菜单中执行【新建】→【空对象】命令，如图2-20所示。

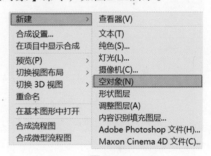

图 2-20

此时在【时间轴】面板中创建了一个空对象图层，如图2-21所示。

图 2-21

在【时间轴】面板中选中所有素材图层，将 ◎（父级关联器）按钮拖曳到空对象图层上，如图2-22所示。

图 2-22

11

在【时间轴】面板中展开空对象图层，设置合适的参数，如图2-23所示。

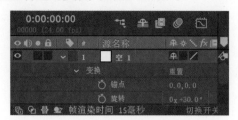

图 2-23

为画面创建空对象图层前后的对比效果如图2-24所示。

图 2-24

2.1.7 形状图层

形状图层与文本图层都是矢量图层。形状图层可以用来在【合成】面板中创建、绘制各种图形。

在【时间轴】面板的空白位置单击鼠标右键，在弹出的快捷菜单中执行【新建】→【形状图层】命令，如图2-25所示。

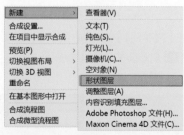

图 2-25

此时在【时间轴】面板中创建了一个形状图层，如图2-26所示。

图 2-26

在【时间轴】面板中展开形状图层，单击内容右边的 ▶（添加）按钮，可以为该图层添加选项，如图2-27所示。

图 2-27

当然，还可以单击【工具】面板中【矩形工具】组中的工具来创建图形，如图2-28所示。

图 2-28

2.1.8 调整图层

调整图层的作用是在调整图层上添加的所有效果都会应用到调整图层下方的所有图层上。在【时间轴】面板中创建几个形状图层，如图2-29所示。

图 2-29

在【时间轴】面板中的空白位置单击鼠标右键，在弹出的快捷菜单中执行【新建】→【调整图层】命令，如图2-30所示。

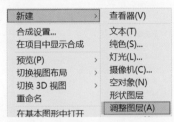

图 2-30

此时在【时间轴】面板中创建了一个调整图层，如图2-31所示。

图 2-31

在【效果和预设】面板中搜索【填充】效果，并将该效果添加到调整图层上，如图2-32所示。

图 2-32

为画面创建调整图层前后的对比效果如图2-33所示。

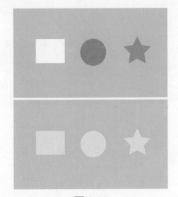

图 2-33

2.1.9 内容识别填充图层

内容识别填充图层既可以将画面中不需要的区域去除，也可以填充画面中的空白区域。

在【时间轴】面板中的空白位置单击鼠标右键，在弹出的快捷菜单中执行【新建】→【内容识别填充图层】命令，如图2-34所示。

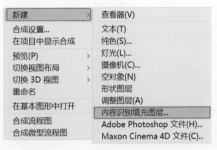

图 2-34

或者在菜单栏中执行【窗口】→【内容识别填充】命令，如图2-35所示，打开【内容识别填充】面板。

图 2-35

在【内容识别填充】面板中设置合适的参数，如图2-36所示。

图 2-36

此时在【时间轴】面板中自动生成填充图层，如图2-37所示。

图 2-37

为画面创建内容识别填充图层前后的对比效果如图2-38所示。

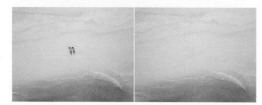

图 2-38

2.2 图层的混合模式

After Effects中的混合模式（见图2-39）是基于两个及两个以上的图层进行颜色混合。

图 2-39

在【时间轴】面板中单击图层1模式列右边的 ☑ 按钮，如图2-40所示。

图 2-40

如果在【时间轴】面板中找不到【模式】，则可以在【时间轴】面板左上角单击

■按钮，在下拉菜单中单击【列数】→【模式】命令，如图2-41所示。

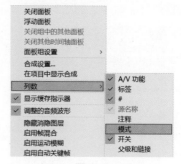

图 2-41

在弹出的菜单中单击选择任意模式，可以改变当前上下图层的混合模式，如图2-42所示。

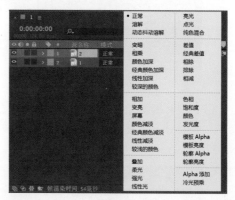

图 2-42

2.2.1 正常混合模式组

正常混合模式组包括正常、溶解和动态抖动溶解。将素材设置为正常模式后，效果如图2-43所示。

图 2-43

2.2.2 减少混合模式组

减少混合模式组是将两个图层较暗的部

After Effects 2022 影视后期制作案例教程（全彩慕课版）

分混合，使画面变得更暗。该混合模式组包括变暗、相乘、颜色加深、经典颜色加深、线性加深和较深的颜色。为素材设置相乘混合模式后，效果如图2-44所示。

图 2-44

2.2.3 添加混合模式组

添加混合模式组是将两个图层较亮的部分混合，使画面变得更亮。该混合模式组包括相加、变亮、屏幕、颜色减淡、经典颜色减淡、线性减淡和较浅的颜色。为素材设置变亮混合模式后，效果如图2-45所示。

图 2-45

2.2.4 复杂混合模式组

复杂混合模式组是将亮的变得更亮，将暗的变得更暗，从而产生更强烈的明暗对比效果。该混合模式组包括叠加、柔光、强光、线性光、亮光、点光和纯色混合。为素材设置叠加混合模式后，效果如图2-46所示。

图 2-46

2.2.5 差异混合模式组

差异混合模式组是基于源颜色和基础颜

色值之间的差异创建颜色。该混合模式组包括差值、经典差值、相除、排除和相减。为素材设置经典差值混合模式后，效果如图2-47所示。

图 2-47

2.2.6 HLS 混合模式组

HLS混合模式组是基于图层之间颜色的HLS进行混合。该混合模式组包括色相、饱和度、颜色和发光度。为素材设置颜色混合模式后，效果如图2-48所示。

图 2-48

2.2.7 遮罩混合模式组

遮罩混合模式组是将源图层转换为所有基础图层的遮罩。该混合模式组包括模板Alpha、模板亮度、轮廓Alpha和轮廓亮度。为素材设置模板亮度混合模式后，效果如图2-49所示。

图 2-49

2.2.8 实用工具混合模式组

实用工具混合模式组包括Alpha添加和冷光预乘。Alpha添加用于从两个相互反转的Alpha通道或从两个接触的动画图层的Alpha通道边缘删除可见边缘。冷光预乘是通过将超过Alpha通道值的颜色值添加到合成中来防止修剪这些颜色值。

2.3 图层样式

可以设置多种图层样式来更改图层的外观，图层样式如图2-50所示。

```
投影
内阴影
外发光
内发光
斜面和浮雕
光泽
颜色叠加
渐变叠加
描边
```

图 2-50

在【时间轴】面板中选中图层，单击鼠标右键，在弹出的快捷菜单中执行【图层样式】命令，在子菜单中可以选择合适的样式，如图2-51所示。

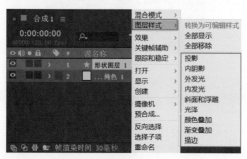

图 2-51

1. 投影

该图层样式是在图层后方添加阴影，效果如图2-52所示。

图 2-52

2. 内阴影

该图层样式可以在图层内部添加阴影，效果如图2-53所示。

图 2-53

3. 外发光

该图层样式可以在图层边缘向外部添加发光效果，效果如图2-54所示。

图 2-54

4. 内发光

该图层样式可以在图层边缘向内部添加发光效果，效果如图2-55所示。

图 2-55

5. 斜面和浮雕

该图层样式可以为图层同时添加阴影和高光，效果如图2-56所示。

图 2-56

6. 光泽

该图层样式是在图层内部创建光滑光泽的内部阴影，效果如图2-57所示。

After Effects 2022

影视后期制作案例教程（全彩慕课版）

图 2-57

7. 颜色叠加

该图层样式可以为图层重新填充颜色，效果如图2-58所示。

图 2-58

8. 渐变叠加

该图层样式可以为图层重新填充渐变颜色，效果如图2-59所示。

图 2-59

9. 描边

该图层样式可以为图层添加轮廓，效果如图2-60所示。

图 2-60

2.4 实操：利用纯色图层制作音乐 App 启动页面

文件路径：资源包\案例文件\第2章图层的应用\实操：利用纯色图层制作音乐 App 启动页面

本案例使用【椭圆工具】、【钢笔工具】绘制合适的形状，并绘制合适的蒙版。使用【图层样式】制作阴影效果并使用【效果和预设】制作文字动画。案例最终效果如图2-61所示。

图 2-61

2.4.1 项目诉求

本案例是以"音乐启动"为主题的短视频宣传项目。该案例要求打开音乐播放器时，画面具有音乐播放的动感，且能够表现出柔和感。

2.4.2 设计思路

本案例以文字出现为基本设计思路，采用灰色作为画面背景，选择有柔和感的背影图片表现音乐播放的效果，输入文字以丰富画面，并制作文字渐渐显现与打字的效果，使画面更具动感。

2.4.3 配色方案

主色：亮灰色给人简约、雅致、品质的感觉，同时纯色的背景更加突出画面中的其他元素。灰色柔和且不引人瞩目，更突出画面中的内容，如图2-62所示。

图 2-62

辅助色：本案例采用米色、白色与黑色作为辅助色，如图2-63所示。米色给人温暖、柔和的感觉，为画面增加一抹色彩，使画面更加活泼。白色给人纯净、清透的感觉。黑色给人稳定感，将画面分割得更有层次感。

17

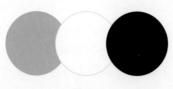

图 2-63

2.4.4 版面构图

  本案例采用对称型的构图方式，使画面更加简洁、清晰；画面以圆形为主图，给人直观、简单的感受；文字的对称为画面增加了活力，并适当留白，以突出主体画面的动感，如图2-64所示。

图 2-64

2.4.5 项目实战

  操作步骤：

  （1）在【项目】面板中单击鼠标右键，在弹出的快捷菜单中执行【新建合成】命令，在打开的【合成设置】对话框中设置【合成名称】为合成1，【预设】为自定义，【宽度】为1000px，【高度】为2000px，【像素长宽比】为方形像素，【帧速率】为25，【持续时间】为5秒，如图2-65所示。

图 2-65

  （2）在【时间轴】面板中的空白位置单击鼠标右键，在弹出的快捷菜单中执行【新建】→【纯色】命令，如图2-66所示。

图 2-66

  （3）在打开的【纯色设置】面板中设置【名称】为白色，【颜色】为白色，如图2-67所示。

图 2-67

  （4）此时画面效果如图2-68所示。

图 2-68

  （5）在【时间轴】面板中的空白位置单击鼠标右键，在弹出的快捷菜单中执行【新建】→【纯色】命令。

  （6）在打开的【纯色设置】面板中设置【名称】为灰色，【颜色】为灰色，如图2-69所示。

图 2-69

（7）选择灰色图层，展开【变换】，单击 🔗（约束比例）按钮取消缩放，设置【缩放】为（87.0,100.0%），如图2-70所示。

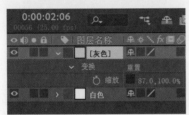

图 2-70

（8）在不选择任何图层的情况下，在【工具】面板中单击 ◯（椭圆工具）按钮，设置【填充】为灰色，【描边】为白色，【描边宽度】为17像素。在【合成】面板中的合适位置绘制一个椭圆形，如图2-71所示。

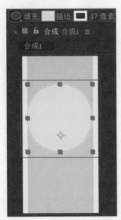

图 2-71

（9）选择形状图层1，展开【变换】，设置【位置】为（504.0,994.0），【缩放】为（98.0,98.0%）。接着将时间线拖动到起始时间位置，单击【不透明度】左边的 ⏱（时间

变化秒表）按钮，设置【不透明度】为0%，如图2-72所示。将时间线拖动到15帧位置，设置【不透明度】为100%。

图 2-72

（10）在【时间轴】面板中用鼠标右键单击【形状图层1】，在弹出的快捷菜单中执行【图层样式】→【投影】命令，如图2-73所示。

图 2-73

（11）选择形状图层1，展开【图层样式】→【投影】，设置【不透明度】为20%，【使用全局光】为开，【距离】为14.0，如图2-74所示。

图 2-74

（12）拖动时间线，此时画面效果如图2-75所示。

图 2-75

（13）在【项目】面板中选择1.jpg素材文件，接着将该文件拖曳到【时间轴】面板中，如图2-76所示。

图2-76

（14）在【时间轴】面板中选择1.jpg素材文件，展开【变换】，设置【位置】为（335.0,780.0），【缩放】为（23.0,23.0%）。接着将时间线拖动到起始时间位置，单击【不透明度】左边的 (时间变化秒表）按钮，设置【不透明度】为0%，如图2-77所示。将时间线拖动到15帧位置，设置【不透明度】为100%。

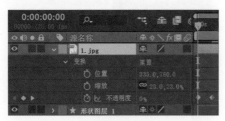

图2-77

（15）在【时间轴】面板中单击选择1.jpg素材文件，在【工具】面板中单击 (椭圆工具）按钮，在【合成】面板中合适的位置绘制一个椭圆形蒙版，如图2-78所示。

图2-78

（16）在【时间轴】面板中用鼠标右键单击1.jpg素材文件，在弹出的快捷菜单中

执行【图层样式】→【内阴影】命令，如图2-79所示。

图2-79

（17）选择1.jpg素材文件，展开【图层样式】→【内阴影】，设置【不透明度】为15%，【距离】为6.0，如图2-80所示。

图2-80

（18）在【字符】面板中设置合适的字体样式和颜色，设置【字体大小】为64像素，【行距】为78像素，单击 (仿粗体）按钮。在【工具】面板中单击 (横排文字工具）按钮，在【合成】面板中输入合适的文字内容，如图2-81所示。

图2-81

（19）框选上半部的文字内容，在【字符】面板中设置【字体大小】为140像素，如图2-82所示。

图2-82

（20）选择文字图层，按快捷键P，设置（位置属性快捷键P、缩放属性快捷键S、旋转属性快捷键R、不透明度设置属性快捷键T）【位置】为（493.0,1775.0），如图2-83所示。

图 2-83

（21）在【效果和预设】面板中搜索【缓慢淡化打开】效果，设置【时间码】为0秒，接着将该效果拖曳到【时间轴】面板中的文字上，如图2-84所示。

图 2-84

（22）在【字符】面板中设置合适的字体样式和颜色，设置【字体大小】为40像素，【行距】为60像素，单击 **T**（仿粗体）按钮，如图2-85所示。

图 2-85

（23）在【工具】面板中单击 **T**（横排文字工具）按钮，在【合成】面板中输入合适的文字内容，如图2-86所示。

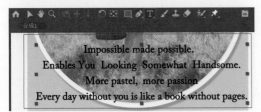

图 2-86

（24）选择【时间轴】面板中的图层1文字图层，展开【变换】，设置【位置】为（477.0,1400.0），如图2-87所示。

图 2-87

（25）在【效果和预设】面板中搜索【打字机】效果，设置【时间码】为0秒，接着将该效果拖曳到【时间轴】面板中的图层1文字图层上，如图2-88所示。

图 2-88

（26）在【字符】面板中设置合适的字体样式和颜色，设置【字体大小】为90像素，【行距】为46像素，【字符间距】为-144，单击 **T**（仿粗体）按钮和 **T**（仿斜体）按钮，如图2-89所示。

图 2-89

（27）在【工具】面板中单击 **T**（横排文字工具）按钮，在【合成】面板中输入合适的文字内容，如图2-90所示。

图 2-90

（28）在【效果和预设】面板中搜索【缓慢淡化打开】效果，设置【时间码】为0秒，接着将该效果拖曳到【时间轴】面板中的文字上，如图2-91所示。

图2-91

（29）拖动时间线，此时画面效果如图2-92所示。

图2-92

（30）在不选择任何图层的情况下，在【工具】面板中单击 ✒️（钢笔工具）按钮，设置【填充】为无，【描边】为黑色，【描边宽度】为3像素，在【合成】面板中合适的文字下方绘制一条线段，如图2-93所示。

图2-93

（31）在【时间轴】面板中选择形状图层2，按快捷键T，接着将时间线拖动到1秒09帧位置，单击【不透明度】左边的 🕐（时间变化秒表）按钮，设置【不透明度】为0%，如图2-94所示。接着将时间线拖动至2秒位置，设置【不透明度】为100%。

图2-94

（32）在不选择任何图层的情况下，在【工具】面板中单击 ✒️（钢笔工具）按钮，设置【填充】为无，【描边】为黑色，【描边宽度】为4像素，在【合成】面板中合适的文字位置绘制一条线段，如图2-95所示。

图2-95

（33）在【时间轴】面板中选择形状图层3，展开【变换】，接着将时间线拖动到1秒09帧位置，单击【不透明度】左边的 🕐（时间变化秒表）按钮，设置【不透明度】为0%。接着将时间线拖动至2秒位置，设置【不透明度】为100%，如图2-96所示。

图2-96

（34）至此，本案例制作完成，拖动时间线，画面效果如图2-97所示。

图2-97

2.5 实操：利用形状图层制作艺术展宣传海报

文件路径：资源包\案例文件\第2章图层的应用\实操：利用形状图层制作艺术展宣传海报

本案例使用【椭圆工具】、【钢笔工具】绘制合适的形状，使用【梯度渐变】效果和【投影】图层样式制作画面颜色和阴影效果，如图2-98所示。

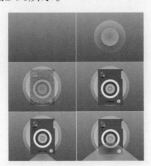

图 2-98

2.5.1 项目诉求

本案例是以"艺术展"为主题的短视频动态海报宣传项目。艺术展常常以简单的元素制作海报用于宣传。本案例以视频的形式制作动态海报，为艺术展做宣传。

2.5.2 设计思路

本案例以几何图形为基本设计思路，制作蓝色渐变画面背景，用椭圆形制作放大效果，使画面更具活力。再制作海报渐渐显现的效果与发射光线，使画面更具有艺术气息。

2.5.3 配色方案

主色：品蓝色给人大方、理智的感觉。渐变的蓝色调背景使画面更丰富，同时蓝色的注目性和识别性不是很强，给人深邃的空间感，如图2-99所示。

图 2-99

辅助色：本案例采用白色与玫瑰红色作为辅助色，如图2-100所示。白色给人简约、雅致的感觉，同时白色也为画面中的颜色添加了过渡效果。玫瑰红色给人热情、欢快的感觉，同时与主色品蓝色为对比色，给人较强的冲击感。

图 2-100

2.5.4 版面构图

本案例采用对称型的构图方式，画面中以海报为主图给人简单明了的感觉，同时海报后方的圆形与前方的三角形使画面更具层次感，也将视觉中心集中在主体画面中，并适当留白，以突出主体画面的艺术感，如图2-101所示。

图 2-101

2.5.5 项目实战

操作步骤：

（1）在【项目】面板中单击鼠标右键，在弹出的快捷菜单中执行【新建合成】命令，在打开的【合成设置】对话框中设置【合成名称】为合成1，【预设】为自定义，【宽度】为3509px，【高度】为2481px，【像素长宽比】为方形像素，【持续时间】为5秒，如图2-102所示。

图 2-102

（2）在【时间轴】面板中用鼠标右键单击空白位置，在弹出的快捷菜单中执行【新建】→【纯色】命令，如图2-103所示。

图 2-103

（3）在打开的【纯色设置】对话框中设置【名称】为"品蓝色 纯色1"，【颜色】为蓝色，如图2-104所示。

图 2-104

（4）此时画面效果如图2-105所示。

图 2-105

（5）在【效果和预设】面板中搜索【梯度渐变】效果，接着将该效果拖曳到【时间轴】面板中的"品蓝色 纯色1"图层上，如图2-106所示。

图 2-106

（6）选择"品蓝色 纯色1"图层，单击展开【效果】→【梯度渐变】，设置【起始

颜色】为天蓝色，【结束颜色】为深蓝色，如图2-107所示。

图 2-107

（7）在不选择任何图层的情况下，在【工具】面板中单击◯（椭圆工具）按钮，设置【填充】为白色。在【合成】面板中合适的位置绘制一个圆形，如图2-108所示。

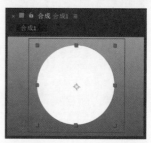

图 2-108

（8）选择形状图层1，按快捷键T，设置【不透明度】为43%，接着将时间线拖动到起始位置，按快捷键S，单击【缩放】左边的◯（时间变化秒表）按钮，设置【缩放】为（0.0,0.0%），接着将时间线拖动至16帧位置处，设置【缩放】为（100.0,100.0%），如图2-109所示。

图 2-109

（9）在【效果和预设】面板中搜索【梯度渐变】效果，接着将该效果拖曳到【时间轴】面板中的形状图层1上，如图2-110所示。

图 2-110

（10）选择形状图层1，在【效果控件】面板中展开【梯度渐变】，设置【渐变起点】为（1768.0,1440.0），【起始颜色】为蓝色，【渐变形状】为径向渐变，如图2-111所示。

图 2-111

（11）拖动时间线，此时画面效果如图2-112所示。

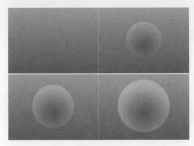

图 2-112

（12）在不选择任何图层的情况下，在【工具】面板中单击 （椭圆工具）按钮，设置【填充】为白色。在【合成】面板中合适的位置绘制一个椭圆形，如图2-113所示。

图 2-113

（13）选择形状图层2，展开【变换】，接着将时间线拖动到起始位置，单击【缩放】左边的 （时间变化秒表）按钮，设置【缩放】为（0.0,0.0%），如图2-114所示。将时间线拖动至24帧位置，设置【缩放】为（100.0,100.0%）。

图 2-114

（14）在【效果和预设】面板中搜索【梯度渐变】效果，接着将该效果拖曳到【时间轴】面板中的形状图层2上，如图2-115所示。

图 2-115

（15）选择形状图层2，在【效果控件】面板中展开【梯度渐变】，设置【渐变起点】为（1736.0,1208.0），【起始颜色】为蓝色，【结束颜色】为白色，【渐变形状】为径向渐变，【与原始图像混合】为26.0%，如图2-116所示。

图 2-116

（16）在【项目】面板中将01.png素材文件拖曳到【时间轴】面板中的形状图层上方，如图2-117所示。

图 2-117

25

（17）在【时间轴】面板中用鼠标右键单击01.png，在弹出的快捷菜单中执行【图层样式】→【投影】命令，如图2-118所示。

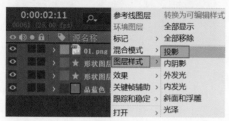

图 2-118

（18）在【时间轴】面板中展开01.png素材文件，展开【图层样式】→【投影】，设置【颜色】为蓝色，【不透明度】为46%，【距离】为17.0，【大小】为15.0，如图2-119所示。

图 2-119

（19）在【效果和预设】面板中搜索【块溶解】效果，接着将该效果拖曳到【时间轴】面板中的01.png素材文件上，如图2-120所示。

图 2-120

（20）选择01.png素材文件，展开【效果】→【块溶解】，接着将时间线拖动到23帧位置，单击【过渡完成】左边的 ⑤（时间变化秒表）按钮，设置【过渡完成】为100%，【块宽度】为1.0，【块高度】为1.0，如图2-121所示。将时间线拖动到1秒21帧位置，设置【过渡完成】为0%。

图 2-121

（21）拖动时间线，此时画面效果如图2-122所示。

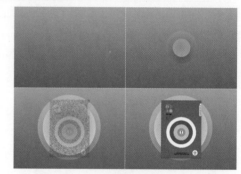

图 2-122

（22）在不选择任何图层的情况下，在【工具】面板中单击 ✐（钢笔工具）按钮，设置【填充】为白色。在【合成】面板中合适的位置绘制一个三角形，如图2-123所示。

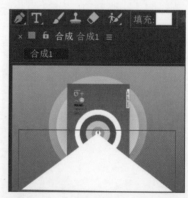

图 2-123

（23）选择形状图层3，展开【变换】，设置【不透明度】为49%，将时间线拖动到2秒08帧，单击【位置】左边的 ⑤（时间变化秒表）按钮，设置【位置】为（1778.5,2454.5），如图2-124所示。将时间线拖动到2秒14帧位置，设置【位置】为（1778.5,1246.5）。

After Effects 2022 影视后期制作案例教程（全彩慕课版）

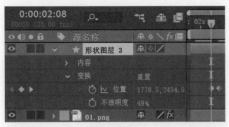

图 2-124

（24）在【效果和预设】面板中搜索【梯度渐变】效果，接着将该效果拖曳到【时间轴】面板中的形状图层3上，如图2-125所示。

图 2-125

（25）选择形状图层3，在【效果控件】面板中展开【梯度渐变】，设置【渐变起点】为（1720.0,1824.0），【起始颜色】为蓝色，【渐变形状】为径向渐变，如图2-126所示。

图 2-126

（26）至此，本案例制作完成，拖动时间线，画面效果如图2-127所示。

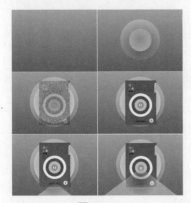

图 2-127

2.6 扩展练习：利用灯光图层打造真实光影

文件路径：资源包\案例文件第2章图层的应用\扩展练习：利用灯光图层打造真实光影

本案例主要学习使用聚光灯效果营造三维立体光影感。案例效果如图2-128所示。

图 2-128

2.6.1 项目诉求

本案例是以"光影"为主题的短视频宣传项目，要求制作真实感的光影效果。

2.6.2 设计思路

本案例以光影饼干为基本设计思路，制作蓝色画面背景并添加灯光效果，绘制椭圆形制作饼干与夹心效果，并为其添加阴影，使画面更加真实，然后输入文字并制作光影效果，在使画面内容更加丰富的同时，传递更多信息。

2.6.3 配色方案

主色：水青色给人冷静、平稳的感觉，如图2-129所示。运用蓝色纯色作为背景，给人清爽和深邃的感觉，同时增加灯光效果后，画面变化更为丰富，也更突出画面中的其他视觉元素。

图 2-129

辅助色：本案例采用巧克力色与白色作为辅助色，如图2-130所示。巧克力色给人

27

稳重、古典的感觉，也更好地表达了画面主体巧克力饼干的颜色，同时巧克力色与主色为互补色，使画面具有极强的视觉冲击力。两种颜色的饱和度不同也使画面更有主次关系。

图 2-130

点缀色：浅玫瑰红色和黑色作为画面的点缀色，如图2-131所示。浅玫瑰红色给人甜美、热烈的感觉，将其作为画面中饼干夹心的颜色令人更加有食欲。黑色为画面中的饼干增加质感，使其更加真实。

图 2-131

2.6.4 版面构图

本案例采用对称型的构图方式，将由圆形元素构成的饼干图案作为展示主图，使画面内容更易被传达，同时在主图下方添加文字使画面内容更加丰富，并传达更多信息，如图2-132所示。

图 2-132

2.6.5 项目实战

操作步骤：

1. 制作背景及文字图层

（1）在【项目】面板中单击鼠标右键，在弹出的快捷菜单中选择【新建合成】命令，在打开的【合成设置】对话框中设置【预设】为HDV 1080 25，【持续时间】为30秒，如图2-133所示。

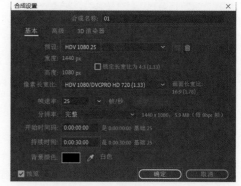

图 2-133

（2）在【时间轴】面板中单击鼠标右键，在弹出的快捷菜单中执行【新建】→【纯色】命令，在打开的【纯色设置】对话框中设置【名称】为"品蓝色 纯色1"，【颜色】为蓝色，如图2-134所示。

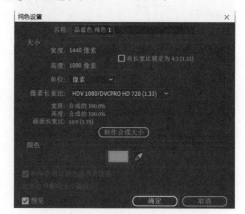

图 2-134

（3）此时画面效果如图2-135所示。

图 2-135

（4）在【时间轴】面板中选择该图层，单击打开"品蓝色 纯色1"图层下的【材质选项】，设置【投影】为开，接着单击选择该图层的◉（3D图层）按钮，将该图层转换为3D图层，如图2-136所示。

After Effects 2022 影视后期制作案例教程（全彩慕课版）

图 2-136

（5）在【时间轴】面板中单击鼠标右键，在弹出的快捷菜单中执行【新建】→【文本】命令，然后输入文字，接着在【字符】面板中设置合适的【字体系列】和【字体样式】，设置【字体颜色】为白色，【字体大小】为130像素，并单击左下角的【仿粗体】按钮，如图2-137所示。

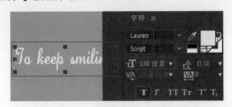

图 2-137

（6）将光标定位在画面中，按住鼠标左键并拖曳鼠标选中文本，如图2-138所示。

图 2-138

（7）单击【工具】面板中的 ✒ （钢笔工具）按钮，在画面中绘制一个弧形路径，如图2-139所示。

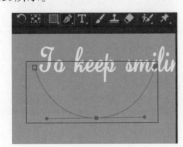

图 2-139

（8）在【时间轴】面板中单击该图层的 ▣ （3D图层）按钮下方对应的位置，将该图层转换为3D图层，然后单击打开文本图层下的【文本】，设置【路径选项】下的【路径】为蒙版1，如图2-140所示。

图 2-140

（9）此时画面效果如图2-141所示。

图 2-141

（10）在【效果和预设】面板中搜索【斜面Alpha】效果，并将其拖曳到【时间轴】面板中的文本图层上，如图2-142所示。

图 2-142

（11）在【时间轴】面板中单击打开文本图层下的【效果】，设置【边缘厚度】为6.20，【灯光强度】为0.60，如图2-143所示。

图 2-143

（12）此时画面效果如图2-144所示。

图 2-144

（13）设置该图层【变换】下的【位置】为（427.1,608,-20.0），设置【材质选项】的【投影】为开，如图2-145所示。

图 2-145

（14）此时画面效果如图2-146所示。

图 2-146

（15）在【时间轴】面板中单击鼠标右键，在弹出的快捷菜单中执行【新建】→【灯光】命令，在打开的【灯光设置】对话框中设置【名称】为聚光1，【灯光类型】为聚光，【强度】为150%，勾选【投影】复选框，设置【阴影深度】为70%，【阴影扩散】为500px，如图2-147所示。

图 2-147

（16）单击打开【聚光1】下的【变换】，设置【目标点】为（779.5,226.2,-872.1），【位置】为（859.5,-980.8,-1538.8）。接着单击

打开【灯光选项】，设置【强度】为150%，【投影】为开，【阴影深度】为70%，【阴影扩散】为500.0像素，如图2-148所示。

图 2-148

（17）此时画面效果如图2-149所示。

图 2-149

2．制作主体图像

（1）在不选中任何图层的状态下，在【工具】面板中单击 （椭圆工具）按钮，设置【填充】为巧克力色，接着在画面中按住Shift键的同时拖曳鼠标绘制圆，如图2-150所示。

图 2-150

（2）在【效果和预设】面板中搜索【斜面Alpha】效果，并将其拖曳到【时间轴】面板中的"形状图层1"图层上，如图2-151所示。

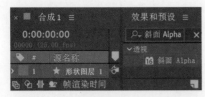

图 2-151

（3）在【时间轴】面板中单击打开形状
图层1的 （3D图层）按钮，将该图层转换
为3D图层，接着单击展开下方的【变换】，
设置【位置】为（720.0,540.0,–10.0），设置【材
质选项】的【投影】为开，如图2-152所示。

图 2-152

（4）单击打开形状图层1下方的【效果】，
设置【斜面Alpha】下的【边缘厚度】为
14.00，【灯光角度】为0x+3.0°，如图2-153
所示。

图 2-153

（5）此时画面效果如图2-154所示。

图 2-154

（6）在【时间轴】面板中选中形状图层

1，按下重复组合键Ctrl+D得到形状图层2，
如图2-155所示。

图 2-155

（7）在【时间轴】面板中单击打开形
状图层 2的【效果】，设置【边缘厚度】为
14.00，然后单击打开【变换】，设置【位置】
为（723,492.0,–30），如图2-156所示。

图 2-156

（8）此时画面效果如图2-157所示。

图 2-157

（9）再次选中形状图层1，按下重复
组合键Ctrl+D得到形状图层3，如图2-158
所示。

图 2-158

（10）在【时间轴】面板中单击打开形

状图层3的【内容】,更改【椭圆1】→【填充1】下的【颜色】为粉色,如图2-159所示。

图 2-159

(11)单击打开【效果】,设置【斜面Alpha】下的【边缘厚度】为10.30,【灯光强度】为0.30,然后单击打开【变换】,设置【位置】为(720.0,522.0,-20.0),【缩放】为(89.1,89.1,89.1%),如图2-160所示。

图 2-160

(12)此时画面效果如图2-161所示。

图 2-161

(13)制作文本。在【时间轴】面板中的空白位置单击鼠标右键,在弹出的快捷菜单中执行【新建】→【文本】命令,如图2-162所示。

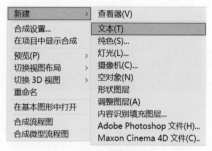

图 2-162

(14)在画面中输入文字,然后在【字符】面板中设置合适的【字体系列】和【字体样式】,设置【字体颜色】为白色,【字体大小】为90像素,【字符间距】为14,并单击下方的【仿斜体】按钮,如图2-163所示。

图 2-163

(15)在【时间轴】面板中单击打开文本图层下的【变换】,设置【位置】为(601.0,459.0),【模式】为变亮,如图2-164所示。

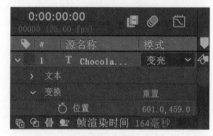

图 2-164

(16)此时画面效果如图2-165所示。

图 2-165

After Effects 2022 影视后期制作案例教程(全彩慕课版)

（17）选中文本图层，单击鼠标右键，在弹出的快捷菜单中执行【图层样式】→【内阴影】命令，如图2-166所示。

图 2-166

（18）案例最终效果如图2-167所示。

图 2-167

2.7 课后习题

一、选择题

1. 下面哪种图层为常见的单色背景?（　　）
   A. 纯色图层
   B. 灯光图层
   C. 文本图层
   D. 调整图层
2. 下面哪种图层样式可以产生立体效果?（　　）
   A. 内发光
   B. 斜面和浮雕
   C. 描边
   D. 渐变叠加

二、填空题

1. 选择图层，按快捷键_____可以打开【位置】属性，按快捷键_____可以打开【缩放】属性，按快捷键_____可以打开【旋转】属性，按快捷键_____可以打开【不透明度】属性。
2. 在_____和_____中可以修改为图层添加【效果】的参数。

三、判断题

1. 任何一个【时间轴】面板中的图层都可以转换为灯光图层。（　　）
2. 在【时间轴】面板中创建【调整图层】，可以对时间轴中的所有图层产生影响。（　　）

课后实战

• 儿童节广告

作业要求：创建不同的图层，使用不同的素材或图层样式等制作一幅儿童节广告作品。参考效果如图2-168所示。

图 2-168

第**3**章
常用视频和
音频效果

在 After Effects 中，视频效果既是一个很重要的功能，也是一个很强大的功能。After Effects 2022 中包含多种效果，可以将效果应用到图层上来添加或修改静止图像、视频和音频的特性。本章主要学习视频、音频效果，以及视频、音频效果的应用。

本章要点

📖 知识要点

❖ 视频效果

❖ 音频效果

❖ 视频、音频效果的应用

3.1 视频效果

After Effects中包含几十种视频效果，将效果添加到图层上可以让图像产生扭曲变形等各种效果，还可以模拟自然现象等效果。各个视频效果组如图3-1所示。（注意：可以为一个图层添加多个效果，但每个效果的添加次序会影响最终的效果）。

3D 通道 >	模拟 >
Boris FX Mocha >	扭曲 >
Cinema 4D >	生成 >
Keying >	时间 >
Matte >	实用工具 >
表达式控制 >	通道 >
沉浸式视频 >	透视 >
风格化 >	文本 >
过渡 >	颜色校正 >
过时 >	音频 >
抠像 >	杂色和颗粒 >
模糊和锐化 >	遮罩 >

图 3-1

3.1.1 扭曲效果组

扭曲效果组（见图3-2）的效果可以将图像扭曲变形。

球面化	
贝塞尔曲线变形	CC Tiler
漩涡条纹	光学补偿
改变形状	湍流置换
放大	置换图
镜像	偏移
CC Bend It	网格变形
CC Bender	保留细节放大
CC Blobbylize	凸出
CC Flo Motion	变换
CC Griddler	变形
CC Lens	变形稳定器
CC Page Turn	旋转扭曲
CC Power Pin	极坐标
CC Ripple Pulse	果冻效应修复
CC Slant	波形变形
CC Smear	波纹
CC Split	液化
CC Split 2	边角定位

图 3-2

常用效果解释如下。

球面化：在指定位置及半径下，让图像产生类似球面凸起放大的效果。

贝塞尔曲线变形：将图像沿着边缘扭曲。

放大：将图像在指定位置放大。

镜像：沿着指定反射中心和角度，将图像由一侧反射到另一侧。

CC Lens：将图像以指定中心产生镜头扭曲效果。

湍流置换：可使用分形杂色在图像中创建湍流扭曲效果。

置换图：将指定图层的像素值进行置换扭曲变形。

偏移：将图像沿着指定中心平移。

网格变形：在图像中生成网格，通过调整网格点使图像变形。

凸出：将图像在指定位置扭曲。

变换：将二维几何变换应用到图层。

变形：使图像扭曲变形。

旋转扭曲：将图像在指定位置旋转扭曲。

极坐标：通过设置合适的扭曲值，图像可以产生平面与极坐标扭曲变形效果。

波纹：可以在指定位置的图像上产生波纹效果。

液化：可以将图像进行推动、拖拉、旋转、扩大和收缩等变形。

边角定位：可以对图像的4个边角进行扭曲变形。

下面介绍【CC Lens】效果的具体应用。

在【效果和预设】面板中搜索【CC Lens】效果，并将该效果拖曳到素材图层上，如图3-3所示。

图 3-3

画面前后对比效果如图3-4所示。

图 3-4

3.1.2 文本效果组

文本效果组（见图3-5）可以为图层添加编号及时间。

编号
时间码

图 3-5

常用效果解释如下。

编号：可以为图像编号。

时间码：可以为图像添加时间。

下面介绍【时间码】效果的具体应用。

在【效果和预设】面板中搜索【时间码】效果，并将该效果拖曳到素材图层上，如图3-6所示。

图 3-6

在【效果控件】面板中设置合适的参数，如图3-7所示。

图 3-7

画面前后对比效果如图3-8所示。

图 3-8

3.1.3 时间效果组

时间效果组（见图3-9）通过更改素材时间属性来更改画面颜色效果。

图 3-9

常用效果解释如下。

色调分离时间：可以更改视频素材的帧速率。

时差：将两个图层混合，查找素材中的色差。

残影：将图层中不同时间的帧混合，使图像产生运动残影效果。

下面介绍【残影】效果的具体应用。

在【效果和预设】面板中搜索【残影】效果，并将该效果拖曳到素材图层上，如图3-10所示。

图 3-10

在【效果控件】面板中设置合适的参数，如图3-11所示。

图 3-11

画面前后对比效果如图3-12所示。

图 3-12

3.1.4 杂色和颗粒效果组

杂色和颗粒效果组（见图3-13）可以为图层添加或减少杂色颗粒。

图 3-13

常用效果解释如下。

分形杂色：可以在图像中生成各种随机动态灰度杂色。

中间值：将指定半径内的像素替换，使图像变得模糊。

杂色：为图像添加杂色。

移除颗粒：移除画面中的杂色颗粒。

蒙尘与划痕：将图像中的相邻像素替换，从而减少杂色和瑕疵。

下面介绍【杂色Alpha】效果的具体应用。

在【效果和预设】面板中搜索【杂色Alpha】效果，并将该效果拖曳到素材图层上，如图3-14所示。

图 3-14

在【效果控件】面板中设置合适的参数，如图3-15所示。

图 3-15

画面前后对比效果如图3-16所示。

图 3-16

3.1.5 模拟效果组

模拟效果组（见图3-17）可以让图层产生模拟自然现象的效果。

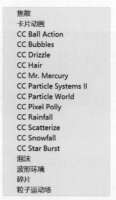

图 3-17

常用效果解释如下。

CC Bubbles：在图像中生成气泡效果。

CC Drizzle：在图像中生成水波纹效果。

CC Hair：在图像中生成毛发效果。

CC Rainfall：在图像中生成下雨效果。

CC Snowfall：在图像中生成下雪效果。

CC Star Burst：在图像中生成星团效果。

泡沫：在图像中生成动态随机泡沫效果。

碎片：在图像中生成剥落爆炸效果。

粒子运动场：在图像中产生大量相似粒子并设置动画。

下面介绍【CC Bubbles】效果的具体应用。

创建一个纯色图层，在【效果和预设】面板中搜索【CC Bubbles】效果，并将该效果拖曳到纯色图层上，如图3-18所示。

图 3-18

在【效果控件】面板中设置合适的参数，如图3-19所示。

图 3-19

画面前后对比效果如图3-20所示。

图 3-20

3.1.6 模糊和锐化效果组

模糊和锐化效果组（见图3-21）可以让图层图像产生各种模糊或锐化效果。

复合模糊
锐化
通道模糊
CC Cross Blur
CC Radial Blur
CC Radial Fast Blur
CC Vector Blur
摄像机镜头模糊
摄像机抖动去模糊
智能模糊
双向模糊
定向模糊
径向模糊
快速方框模糊
钝化蒙版
高斯模糊

图 3-21

常用效果解释如下。

复合模糊：以指定图层的明亮度来模糊当前图层。

锐化：增强图像中的颜色对比度。

通道模糊：以通道方式将素材模糊。

智能模糊：保留图像边缘，将画面细节模糊。

双向模糊：将画面模糊，但是会选择性地保留画面细节。

定向模糊：将图像按指定方向和模糊长度模糊。

径向模糊：将图像以指定中心缩放或旋转模糊。

高斯模糊：使图像产生均匀模糊效果。

下面介绍【径向模糊】效果的具体应用。

在【效果和预设】面板中搜索【径向模糊】效果，并将该效果拖曳到素材图层上，如图3-22所示。

图 3-22

在【效果控件】面板中设置合适的参数，如图3-23所示。

图 3-23

画面前后对比效果如图3-24所示。

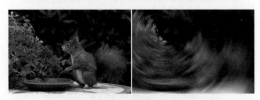

图 3-24

3.1.7 生成效果组

生成效果组（见图3-25）可以为图层创建和生成各种图案。

分形	单元格图案
圆形	写入
椭圆	勾画
吸管填充	四色渐变
镜头光晕	描边
CC Glue Gun	无线电波
CC Light Burst 2.5	梯度渐变
CC Light Rays	棋盘
CC Light Sweep	油漆桶
CC Threads	涂写
光束	音频波形
填充	音频频谱
网格	高级闪电

图 3-25

常用效果解释如下。

镜头光晕：在图像中创建灯光照射到镜头所致的折射效果。

网格：在图像中创建网格。

单元格图案：在图像中生成纹理和图案。

四色渐变：在图像中生成4点颜色。

After Effects 2022

影视后期制作案例教程（全彩慕课版）

梯度渐变：在图像中生成线性或者径向颜色渐变。

棋盘：在图像中生成类似棋盘的效果。

油漆桶：在图像中的指定位置填充颜色。

高级闪电：在图像中生成类似闪电的效果。

下面介绍【四色渐变】效果的具体应用。

在【效果和预设】面板中搜索【四色渐变】效果，并将该效果拖曳到素材图层上，如图3-26所示。

图3-26

画面前后对比效果如图3-27所示。

图3-27

3.1.8 过渡效果组

过渡效果组（见图3-28）可以为图层添加过渡效果。

图3-28

常用效果解释如下。

渐变擦除：将素材以明亮度的形式显示下方素材。

卡片擦除：将素材以卡片翻转的形式显示下方素材。

CC Grid Wipe：将素材以网格的形式显示下方素材。

光圈擦除：将素材以光圈径向过渡的形式显示下方素材。

块溶解：将素材以方块的形式显示下方素材。

百页窗：将素材以指定矩形的形式显示下方素材。

径向擦除：将素材以径向过渡的形式显示下方素材。

线性擦除：将素材以线性过渡的形式显示下方素材。

下面介绍【渐变擦除】效果的具体应用。

在【效果和预设】面板中搜索【渐变擦除】效果，并将该效果拖曳到图层1上，如图3-29所示。

图3-29

在【时间轴】面板中展开【素材2】→【效果】→【渐变擦除】，接着设置合适的参数，如图3-30所示。

图3-30

此时拖动时间线，画面效果如图3-31所示。

图3-31

3.1.9 透视效果组

透视效果组（见图3-32）中的效果可以让素材产生立体透视效果。

图 3-32

常用效果解释如下。

CC Sphere：创建将素材映射到球面的效果。

径向阴影：根据光源为图像创建阴影。

投影：在图层后方添加阴影。

斜面Alpha：为图像的Alpha边界增添凿刻、明亮的外观。

边缘斜面：为图像的边缘增添凿刻、明亮的3D外观。

下面介绍【边缘斜面】效果的具体应用。

在【效果和预设】面板中搜索【边缘斜面】效果，并将该效果拖曳到素材图层上，如图3-33所示。

图 3-33

在【效果控件】面板中设置合适的参数，如图3-34所示。

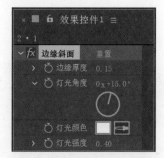

图 3-34

画面前后对比效果如图3-35所示。

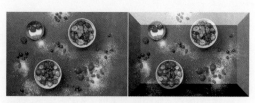

图 3-35

3.1.10 3D 通道效果组

3D通道效果组（见图3-36）可以为图层设置合适的通道来改变画面颜色。

图 3-36

常用效果解释如下。

转换通道：设置合适的通道来改变画面颜色。

反转：将图像中的颜色反转。

固态层合成：为图层混合合适的颜色。

算术：对图像中的红色、绿色和蓝色通道进行数学运算，以更改画面颜色。

下面介绍【反转】效果的具体应用。

在【效果和预设】面板中搜索【反转】效果，并将该效果拖曳到素材图层上，如图3-37所示。

图 3-37

在【效果控件】面板中设置合适的参数，如图3-38所示。

图 3-38

画面前后对比效果如图3-39所示。

图 3-39

3.1.11 风格化效果组

风格化效果组（见图3-40）是将图像中的像素进行置换和查找边缘，使图像产生绘画及印象派风格。

阈值	CC Threshold RGB
画笔描边	CC Vignette
卡通	彩色浮雕
散布	马赛克
CC Block Load	浮雕
CC Burn Film	色调分离
CC Glass	动态拼贴
CC HexTile	发光
CC Kaleida	查找边缘
CC Mr. Smoothie	毛边
CC Plastic	纹理化
CC RepeTile	闪光灯
CC Threshold	

图 3-40

常用效果解释如下。

阈值：将彩色素材转换为黑白图像。

卡通：简化和平滑图像中的阴影及颜色，并可将描边添加到轮廓之间的边缘上。

CC Glass：使图像产生类似玻璃的质感。

CC Plastic：使图像产生类似塑料的质感。

CC RepeTile：将图像复制，进行水平和垂直排列。

彩色浮雕：锐化图像边缘，使图像产生浮雕效果。

马赛克：将图像进行像素化处理，并填充纯色。

浮雕：锐化图像边缘，并为图像抑制颜色，使图像产生浮雕效果。

动态拼贴：设置动态图像拼贴的中心点、高度、宽度等参数即可产生动态拼贴效果。

发光：将图像的亮部区域变得更亮。

查找边缘：自动查找图像的边缘并强化边缘，可在白色背景上显示为深色线条，也可在黑色背景上显示为彩色线条。

毛边：使图像边缘变粗糙。

纹理化：将指定图层纹理映射到当前图层。

闪光灯：使画面产生闪光效果。

下面介绍【CC Plastic】效果的具体应用。

在【效果和预设】面板中搜索【CC Plastic】效果，并将该效果拖曳到素材图层上，如图3-41所示。

图 3-41

在【效果控件】面板中设置合适的参数，如图3-42所示。

图 3-42

画面前后对比效果如图3-43所示。

图 3-43

3.1.12 过时效果组

过时效果组（见图3-44）用于兼容旧版本视频效果。

| 亮度键 |
| 减少交错闪烁 |
| 基本 3D |
| 基本文字 |
| 溢出抑制 |
| 路径文本 |
| 闪光 |
| 颜色键 |
| 高斯模糊（旧版） |

图 3-44

常用效果解释如下。

亮度键：抠除画面中指定的亮度区域。

基本3D：为图像添加三维效果。

路径文本：在图像上创建路径文本。

闪光：在画面指定位置创建闪电效果。

颜色键：将画面指定颜色变透明。

高斯模糊（旧版）：将图像进行均匀模糊。

3.2 音频效果

音频效果组（见图3-45）可以更改音频素材的音调、音色、音量等参数。

调制器
倒放
低音和高音
参数均衡
变调与合声
延迟
混响
立体声混合器
音调
高通/低通

图 3-45

常用效果解释如下。

调制器：为音频添加颤音和震音。

倒放：将音频从后往前播放。

低音和高音：可提高或削减音频的低音或高音。

变调与合声：将音频进行变调。

延迟：重复指定的音频。

混响：通过模拟从某表面随机反射的声音来模拟开阔的室内效果或真实的室内效果。

立体声混合器：将音频素材的左右声道进行混合。

3.3 实操：放大镜效果

文件路径：资源包\案例文件\第3章 常用视频音频特效\实操：放大镜效果

本案例主要学习制作放大镜的视觉效果。案例效果如图3-46所示。

图 3-46

3.3.1 项目诉求

本案例是以"放大画面"为主题的短视频项目。在拍摄过程中难免会遇到画面中主体偏小、主次关系不明显等问题。该案例要求实现突出画面中主体的效果。

3.3.2 设计思路

本案例以放大镜效果为基本设计思路，选择带有昆虫的图片作为画面主图，并使用放大镜效果放大画面中的昆虫，使画面主旨明确，同时也使画面主体更加突出。

3.3.3 配色方案

主色：以橄榄绿色作为画面的主色，如图3-47所示。绿色是自然界中常见的颜色，给人生机、天然的感觉，同时也更加突出画面中的其他视觉元素。

图 3-47

辅助色：本案例采用淡青色、橙色与黑色作为辅助色，如图3-48所示。淡青色给人清冷通透的感觉，橙色给人热情、活跃的感觉，同时橙色与主色的绿色为对比色，有很强的视觉冲击力，也使画面更具动感。黑色使画面主色与橙色之间的对比效果更加融合，使画面更加丰富，更具有层次。

图 3-48

3.3.4 版面构图

本案例将草叶上的昆虫作为展示主体，采用倾斜型的构图方式，给人一种画面中的昆虫向上爬的视觉效果，同时主图后方青草茁壮生长使画面更具生机与活力，如图3-49所示。

图 3-49

3.3.5 项目实战

操作步骤:

1. 导入素材文件

（1）在【项目】面板中单击鼠标右键，在弹出的快捷菜单中执行【新建合成】命令，在打开的【合成设置】对话框中设置【预设】为自定义，【宽度】为1500px，【高度】为999px，【帧速率】为29.97，【持续时间】为16秒20帧，如图3-50所示。

图 3-50

（2）执行【文件】→【导入】→【文件】命令或按组合键Ctrl+I，在打开的【导入文件】对话框中选择所需要的素材，选择完后单击【导入】按钮导入素材，如图3-51所示。

图 3-51

（3）在【项目】面板中将素材01.jpg拖曳到【时间轴】面板中，如图3-52所示。

图 3-52

（4）此时画面效果如图3-53所示。

图 3-53

2. 制作放大镜效果

（1）在【效果和预设】面板中搜索【放大】效果，并将其拖曳到【时间轴】面板中的01.jpg图层上，如图3-54所示。

图 3-54

（2）在【时间轴】面板中单击打开01.jpg图层下方的【效果】，设置【中心】为（1288.4,182.8），【大 小】为200.0，【羽化】为5.0，如图3-55所示。

图 3-55

（3）案例最终画面效果如图3-56所示。

图 3-56

图 3-58

3.4 实操：奇幻的冰冻

文件路径：资源包\案例文件\第3章
常用视频音频特效\实操：奇幻的冰冻

本案例主要学习使用过渡效果制作奇异
的冰冻效果。案例效果如图3-57所示。

图 3-57

3.4.1 项目诉求

本案例是以"冰冻效果"为主题的短视
频项目。在影视作品中常常看到冰冻玻璃效
果，给人寒冷感。该案例要求制作不断在变
化的冰冻效果。

3.4.2 设计思路

本案例以冰冻效果为基本设计思路，选
择新鲜的水果图片作为画面主图，使用冰冻
相关效果制作冰冻玻璃，仿佛冰层在不断变
厚的视觉效果，给人不断变冷的感觉。

3.4.3 配色方案

主色：以灰色作为画面的主色，如
图3-58所示。灰色是最大程度上满足人眼
对色彩明度舒适要求的中性色，同时灰色
给人轻松、惬意的感觉，使画面中的寒冷
感更加强烈。

辅助色：本案例采用水墨蓝色和苹果绿
色作为辅助色，如图3-59所示。水墨蓝色给
人清冷、干净的感觉，苹果绿色给人生机、自
然的感觉，两种颜色为相近色，使画面和谐统
一又富有变化，画面更加丰富、具有层次。

图 3-59

3.4.4 项目实战

操作步骤：

1. 导入素材文件

（1）在【项目】面板中单击鼠标右键，
在弹出的快捷菜单中选择【新建合成】命
令，在打开的【合成设置】对话框中设置
【预设】为自定义，【宽度】为1200px，【高
度】为800px，【帧速率】为29.97，如图3-60
所示。

图 3-60

（2）执行【文件】→【导入】→【文件】
命令或按组合键Ctrl+I，在打开的【导入文
件】对话框中选择所需要的素材，选择完后
单击【导入】按钮导入素材，如图3-61所示。

After Effects 2022 影视后期制作案例教程（全彩慕课版）

图 3-61

（3）在【项目】面板中将素材01.jpg拖曳到【时间轴】面板中，如图3-62所示。

图 3-62

2. 为素材图片制作冰冻效果

（1）在【效果和预设】面板中搜索【CC WarpoMatic】效果，并将其拖曳到【时间轴】面板中的01.jpg图层上，如图3-63所示。

图 3-63

（2）在【时间轴】面板中单击打开01.jpg图层下的【效果】→【CC WarpoMatic】，设置【Completion】为75.0，【Warp Direction】为Twisting，接着将时间线拖动至起始帧处，单击【Smoothness】和【Warp Amount】左边的（时间变化秒表）按钮，设置【Smoothness】为5.00，【Warp Amount】为0.0，如图3-64所示。然后将时间线拖动至4秒29处，设置【Smoothness】为20.00，【Warp Amount】为400.0。

图 3-64

（3）此时拖动时间线，查看最终效果，如图3-65所示。

图 3-65

3.5 实操：水面涟漪效果

文件路径：资源包\案例文件\第3章常用视频音频特效\实操：水面涟漪效果

本案例主要学习制作水面涟漪的画面效果。案例效果如图3-66所示。

图 3-66

3.5.1 项目诉求

本案例是以"水面涟漪"为主题的短视频项目。短视频拍摄时常运用水面上的涟漪效果。该案例要求制作出水波荡漾的效果，且能够给人苍凉感。

3.5.2 设计思路

本案例以波纹效果为基本设计思路，选择水面下的枯叶图片作为画面主图，给人秋天落叶的孤寂苍凉之感，并使用波纹效果呈现水滴滴落在树叶上方水面的画面。

3.5.3 配色方案

主色：以咖啡色作为画面的主色，如

图3-67所示。咖啡色给人消沉、稳重的感觉，同时咖啡色作为纯色背景，更突出画面中的其他视觉元素。

图 3-67

辅助色：本案例采用黄褐色作为辅助色，如图3-68所示。黄褐色给人柔和、温暖的感觉，黄褐色与主色为邻近色，且两种颜色组合搭配在一起，让整体画面具有协调、统一的效果。

图 3-68

3.5.4 版面构图

本案例采用倾斜型的构图方式，如图3-69所示，以地面上的落叶为展示主图，使画面产生凄凉惨淡的感觉，同时枯叶上的波纹效果给画面带来了动感，使画面更加鲜活，增加画面的视觉冲击力。

图 3-69

3.5.5 项目实战

操作步骤：

1. 导入素材文件

（1）在【项目】面板中单击鼠标右键，在弹出的快捷菜单中执行【新建合成】命令，在打开的【合成设置】对话框中设置【预设】为HDTV 1080 25，【持续时间】为30秒，如图3-70所示。

图 3-70

（2）执行【文件】→【导入】→【文件】命令或按组合键Ctrl+I，在打开的【导入文件】对话框中选择所需要的素材，选择完后单击【导入】按钮导入素材，如图3-71所示。

图 3-71

（3）在【项目】面板中将素材01.jpg拖曳到【时间轴】面板中，如图3-72所示。

图 3-72

2. 为画面制作波纹效果

（1）在【效果和预设】面板中搜索【波纹】效果，并将其拖曳到【时间轴】面板中的01.jpg图层上，如图3-73所示。

图 3-73

（2）在【时间轴】面板中单击打开01.jpg图层下的【效果】，设置【波纹】下的【半径】

为30.0,【波纹中心】为（822.0,590.0），【波形速度】为5.0，【波形宽度】为30.0，【波形高度】为240.0，如图3-74所示。

图 3-74

（3）案例最终效果如图3-75所示。

图 3-75

3.6 实操：下雪效果

文件路径：资源包\案例文件\第3章常用视频音频特效\实操：下雪效果

本案例主要学习制作下雪效果。案例效果如图3-76所示。

图 3-76

3.6.1 项目诉求

本案例是以"雪花飘落"为主题的短视频项目。在拍摄下雪短视频时，拍摄出的画面常常不能表现出雪花飘落的美感。该案例要求制作出大雪纷飞的效果，且能够给人唯美、寒冷之感。

3.6.2 设计思路

本案例以下雪效果为基本设计思路，选择雪天人物图片作为画面主图，并使用下雪效果呈现出雪花不断飘落的景象，给人严寒的感觉，同时使用文字，以便在传递画面信息时使画面更加丰富。

3.6.3 配色方案

主色： 以浅灰蓝色作为画面的主色，如图3-77所示。自然界中蓝色所占的比例很大，常给人清冷的感觉，同时浅灰色给人朦胧、唯美之感。

图 3-77

辅助色： 本案例采用橄榄绿色、水墨蓝与白色作为辅助色，如图3-78所示。橄榄绿色给人生机、天然的感觉，打破了画面中大量蓝色调的沉默与寒冷之感，为画面增加了一抹亮色。水蓝色与主色为同类色，在使画面协调、统一的同时，也为画面增加了层次变化。白色则使画面更好地融合。

图 3-78

3.6.4 版面构图

本案例采用骨骼型的构图方式（见图3-79），画面中的人物在画面左侧呈现，给人统一、和谐的感觉。同样，右侧呈现的文字在将信息直接传达给受众的同时，也丰富了画面。

图 3-79

3.6.5 项目实战

操作步骤：

1. 导入素材文件

（1）在【项目】面板中单击鼠标右键，在弹出的快捷菜单中执行【新建合成】命令，在打开的【合成设置】对话框中设置【预设】为自定义，【宽度】为1422px，【高度】为800px，【像素长宽比】为方形像素，【帧速率】为30，【持续时间】为30秒，如图3-80所示。

图 3-80

（2）执行【文件】→【导入】→【文件】命令或按组合键Ctrl+I，在打开的【导入文件】对话框中选择所需要的素材，选择完后单击【导入】按钮导入素材，如图3-81所示。

图 3-81

（3）在【项目】面板中将素材01.jpg拖曳到【时间轴】面板中，如图3-82所示。

图 3-82

2. 制作雪花效果

（1）在【效果和预设】面板中搜索【CC Snowfall】效果，并将其拖曳到【时间轴】面板中的01.jpg图层上，如图3-83所示。

图 3-83

（2）在【时间轴】面板中单击打开01.jpg图层下的【效果】，设置【CC Snowfall】下的【Size】为12.00，【Variation%（Size）】为100.0，【Variation%（Speed）】为60.0，【Wind】为50.0，【Opacity】为100.0，如图3-84所示。

图 3-84

（3）此时画面效果如图3-85所示。

图 3-85

（4）在【效果和预设】面板中搜索【曲线】效果，并将其拖曳到【时间轴】面板中的01.jpg图层上，如图3-86所示。

图 3-86

After Effects 2022 影视后期制作案例教程（全彩慕课版）

（5）在【时间轴】面板中选中素材01.jpg图层，在【效果控件】面板中调整【曲线】的曲线形状，如图3-87所示。

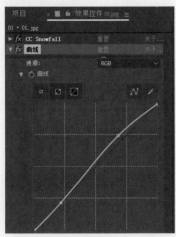

图3-87

（6）此时画面效果如图3-88所示。

图3-88

3. 制作点缀文字

（1）在【时间轴】面板中的空白位置单击鼠标右键，在弹出的快捷菜单中执行【新建】→【文本】命令，然后在画面中输入文本，并在【字符】面板中设置合适的【字体系列】，设置【填充颜色】为雪白色，【字体大小】为50像素，【字符间距】为14像素，接着单击选择【字符面板】左下方的【仿粗体】按钮 **T** 和【仿斜体】按钮 *T*，如图3-89所示。

图3-89

（2）将光标定位在画面中的文本"S"后，选中字母"S"，并在【字符】面板中设置【字体大小】为100，如图3-90所示。

图3-90

（3）在【时间轴】面板中单击打开文本图层下方的【文本】，设置【更多选项】下的【分组对齐】为（0.0,-29.0%），然后设置【变换】下的【位置】为（858.4,309.0），如图3-91所示。

图3-91

（4）此时画面效果如图3-92所示。

图3-92

（5）在【效果和预设】面板中搜索【发光】效果，并将其拖曳到【时间轴】面板中的文本图层上，如图3-93所示。

图3-93

（6）在【时间轴】面板中单击打开文本图层下的【效果】，设置【发光】下的【发光半径】为15.0，如图3-94所示。

图 3-94

（7）此时画面效果如图3-95所示。

图 3-95

（8）在【效果和预设】面板中执行【动画预设】→【TEXT】→【运输车】（或搜索【运输车】效果），并将其拖曳到【时间轴】面板中的文本图层上，如图3-96所示。

图 3-96

（9）拖动时间线，查看画面最终效果，如图3-97所示。

图 3-97

3.7 扩展练习：宠物照片转场效果

文件路径：资源包\案例文件\第3章 常用视频音频特效\扩展练习：宠物照片转场效果

本案例主要学习使用【过渡】效果制作画面转场效果。案例效果如图3-98所示。

图 3-98

3.7.1 项目诉求

本案例是以"宠物照片转场效果"为主题的短视频项目。短视频中制作照片切换时常常过渡效果很生硬，令人感觉很突兀。本案例要求制作过渡自然的宠物相册，且能够给人可爱感与动感。

3.7.2 设计思路

本案例以擦除效果为基本设计思路，选择宠物照片作为画面主图，选择百页窗擦除效果使画面过渡更加柔和，然后制作画面旋转擦除效果使画面更具动感。

3.7.3 配色方案

主色：以白色和驼色分别作为两幅画面的主色，如图3-99所示。白色常给人干净、清爽之感。纯色的背景使画面更加突出其他元素，同时画面中猫咪的白色给人干净、柔软的感觉。驼色作为画面主色则给人温暖、快乐的感觉。画面中喵咪身上的驼色给人温暖、柔和之感，使画面更加温馨。

图 3-99

辅助色：本案例采用灰色、青瓷色与白色作为辅助色，如图3-100所示。灰色给人舒适、柔和的感觉。灰色与白色作为画面中猫咪的颜色，让人感觉柔软、温和。青瓷色给人淡雅、欢快的感觉，作为背景色更能突出主色中的驼色，同时白色也能很好地中和画面中的颜色。

图 3-100

3.7.4 项目实战

操作步骤：

1. 导入素材文件

（1）在【项目】面板中单击鼠标右键，在弹出的快捷菜单中执行【新建合成】命令，在打开的【合成设置】对话框中设置【预设】为自定义，【宽度】为1500px，【高度】为1000px，【像素长宽比】为方形像素，【帧速率】为25，如图3-101所示。

图 3-101

（2）执行【文件】→【导入】→【文件】命令或按组合键Ctrl+I，在打开的【导入文件】对话框中选择所需要的素材，选择完后单击【导入】按钮导入素材，如图3-102所示。

图 3-102

（3）在【项目】面板中将素材01.jpg和素材02.jpg拖曳到【时间轴】面板中，如图3-103所示。

图 3-103

2. 过渡效果的制作

（1）在【效果和预设】面板中搜索【百页窗】效果，并将其拖曳到【时间轴】面板中的01.jpg图层上，如图3-104所示。

图 3-104

（2）在【时间轴】面板中单击打开01.jpg图层下的【效果】，并将时间线拖动至起始帧处，然后单击【百页窗】左边的 ■（时间变化秒表）按钮，设置【百页窗】下的【过渡完成】为0%，如图3-105所示。接着将时间线拖动至结束帧处，设置【过渡完成】为100%，然后设置【方向】为0x+45.0°，【宽度】为100。

图 3-105

（3）拖动时间线，查看画面效果，如图3-106所示。

图 3-106

51

（4）在【效果和预设】面板中搜索【径向擦除】效果，并将其拖曳到【时间轴】面板中的01.jpg图层上，如图3-107所示。

图 3-107

（5）在【时间轴】面板中单击打开01.jpg图层下的【效果】，并将时间线拖动至起始帧处，单击【径向擦除】左边的（时间变化秒表）按钮，设置【径向擦除】下的【过渡完成】为0%，【起始角度】为0x+42.0°，如图3-108所示。将时间线拖动至结束帧处，设置【过渡完成】为100%。

图 3-108

（6）拖动时间线，查看画面最终效果，如图3-109所示。

图 3-109

3.8 课后习题

一、选择题

1. 以下哪个效果不属于【扭曲】组中的效果？（　　）

A. 镜像

B. 湍流置换

C. 边角定位

D. 棋盘

2. 以下哪个效果不属于【风格化】组中的效果？（　　）

A. 阈值　　　　　　B. 网格

C. 马赛克　　　　　D. 发光

二、填空题

1. 在＿＿＿＿＿＿面板中可以为素材添加效果，在＿＿＿＿＿＿面板中可以对效果的参数进行调整。

2. 为文字添加【效果和预设】面板中＿＿＿＿＿＿组下的＿＿＿＿＿＿效果可以制作出生动的、丰富的文字动画效果。

三、判断题

1. 为图层添加效果后，可以在【效果控件】面板或【时间轴】面板中对效果的参数进行调整。
（　　）

2. 可以为一个图层添加多个效果，并且每个效果的添加顺序会影响最终的效果。（　　）

6 课后实战

● 卡通漫画效果

作业要求：应用视频效果将任意动物图片制作出卡通漫画效果。参考效果如图3-110所示。

图 3-110

第4章

动画

动画是一种综合艺术，它集合了绘画、电影、数字媒体、摄影、音乐、文学等众多艺术门类于一身。关键帧是记录图层属性变化的信息帧。在 After Effects 2022 中为图层添加关键帧，可以使画面产生运动或变化。本章主要学习关键帧的创建以及关键帧的基本操作，并通过为图层添加关键帧制作动画效果。

本章要点

📁 **知识要点**

❖ 认识关键帧动画

❖ 动画预设

❖ 表达式

❖ 动画的应用

4.1 认识关键帧动画

在After Effects 2022中，为了使静态的物体产生运动或者变化，可以为其添加关键帧。要产生动画就需要为其添加两个或者两个以上关键帧。

4.1.1 激活、创建关键帧

在【时间轴】面板中将时间线拖动到合适位置，展开素材及【变换】，单击【位置】属性左边的 ⏱（时间变化秒表）按钮，激活【位置】属性关键帧即可在当前时间线位置自动创建关键帧，如图4-1所示。

图 4-1

4.1.2 添加关键帧

将时间线拖动到合适位置，调整【位置】属性的参数，可以在当前位置添加关键帧，如图4-2所示。

图 4-2

要在不调整参数的状态下添加关键帧，可以单击【位置】属性左边的 ◀◆▶（在当前时间添加或移除关键帧）按钮，即可此时在当前时间线位置添加关键帧，如图4-3所示。

图 4-3

4.1.3 移动关键帧

在【时间轴】面板的时间区域中将时间线移动到合适位置，单击或者框选需要移动的关键帧，按住鼠标左键拖曳鼠标即可移动关键帧，如图4-4所示。

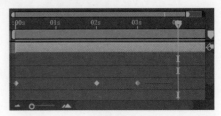

图 4-4

4.1.4 复制关键帧

在【时间轴】面板的时间区域中选择需要复制的关键帧，使用组合键Ctrl+C进行复制，接着将时间线拖动到合适位置，使用组合键Ctrl+V进行粘贴，即可复制关键帧，如图4-5所示。（注意：关键帧可以在一个素材中复制，并在另一个素材的相同属性中粘贴，但仅可在同一个属性中复制和粘贴。）

图 4-5

此外，选中关键帧，在按住Alt键的同时将关键帧拖曳到合适位置，也可复制关键帧，如图4-6所示。

图 4-6

4.1.5 移除关键帧

选中素材，按快捷键U，即可显示出已经创建的关键帧。在【时间轴】面板的时间区域中选择需要移除的关键帧，按Delete键，即可移除关键帧，如图4-7所示。

图 4-7

此外，选中关键帧，单击【位置】属性左边的 ◀ ◆ ▶ （在当前时间添加或移除关键帧）按钮，也可移除关键帧，如图4-8所示。

图 4-8

4.2 动画预设

在After Effects 2022中为素材制作动画时，有时会设置一些复杂属性、关键帧和表达式，此时可以通过【动画预设】中的效果一键完成。【效果和预设】面板提供了13大类动画预设，如图4-9所示。

图 4-9

在【合成】面板中创建文本，如图4-10所示。

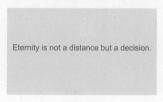

图 4-10

在【效果和预设】面板中展开【动画预设】→【Text】→【Animate In】，将【划入到中央】效果拖曳到文本图层上，如图4-11所示。

图 4-11

此时拖动时间线，文本动画预设效果如图4-12所示。

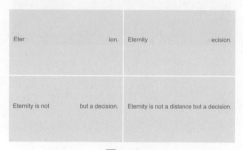

图 4-12

4.3 表达式

表达式是一小段代码。在After Effects 2022中有时需要创建和链接复杂的动画，这就需要创建多个，甚至数十、数百个关键帧。这时可以将表达式插入After Effects 2022中，方便、快捷地制作出动画效果。

在【时间轴】面板中创建一个形状图层，效果如图4-13所示。

图 4-13

在【时间轴】面板中展开【形状图层】→【变换】，在按住Alt键的同时单击【位置】属性左边的🕐（时间变换秒表）按钮激活表达式，如图4-14所示。

图 4-14

在时间区域内输入合适的摆动表达式，如图4-15所示。

图 4-15

此时拖动时间线，形状图层位置的动画效果如图4-16所示。

图 4-16

4.4 关键帧插值、时间重映射和关键帧辅助

在After Effects 2022中，可以通过关键帧插值、时间重映射和关键帧辅助来调整动画的位移速度及路径。

4.4.1 关键帧插值

关键帧插值可以调整关键帧位移路径的形状。关键帧插值包括临时插值和空间插值。临时插值影响属性随着时间变化而变化的方式（在时间轴）。其中临时插值包括线性、贝塞尔曲线、连续贝塞尔曲线、自动贝塞尔曲线和定格，如图4-17所示。

图 4-17

空间插值影响路径的形状（在【合成】面板或【图层】面板中）。其中空间插值包含线性、贝塞尔曲线、连续贝塞尔曲线和自动贝塞尔曲线。

● 【线性】没有控制柄，不能调整路径形状，如图4-18所示。

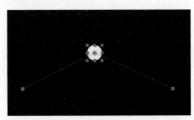

图 4-18

● 【贝塞尔曲线】可以调整两侧控制柄来调整两侧路径形状，如图4-19所示。

图 4-19

● 【连续贝塞尔曲线】可以通过控制柄来调整整个路径形状，如图4-20所示。

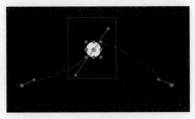

图 4-20

After Effects 2022 影视后期制作案例教程（全彩慕课版）

●【自动贝塞尔曲线】也是通过调整控制柄来调整整个路径形状，但在没有调整路径之前控制柄处于虚线状态，如图4-21所示。

图 4-21

调整路径之后控制柄处于实线状态，如图4-22所示。

图 4-22

●【定格】是当关键帧变为定格时，关键帧右侧路径变为没有点的直线，如图4-23所示。

图 4-23

4.4.2　时间重映射

时间重映射可将素材加速、减速及倒放，迅速使画面产生节奏变化，并且时间重映射只作用于合成。

导入素材，并将其拖曳到【时间轴】面板中，此时拖动时间线，画面效果如图4-24所示。

图 4-24

在【时间轴】面板中选中素材图层，单击鼠标右键，在弹出的快捷菜单中执行【时间】→【启动时间重映射】命令，如图4-25所示。

图 4-25

此时在【时间轴】面板中自动添加关键帧，如图4-26所示。

图 4-26

将时间线分别拖动至5秒和10秒位置，单击◆（在当前时间添加关键帧）按钮，如图4-27所示。

图 4-27

将5秒位置的关键帧移动到2秒位置，将10秒位置的关键帧移动到12秒位置，如图4-28所示。

图 4-28

此时该视频播放速度发生变化，拖动时间线，画面效果如图4-29所示。

图 4-29

4.4.3 关键帧辅助

关键帧辅助可以调整图层动画运动速度的变化。关键帧辅助包括缓入、缓出、缓动和时间反向关键帧，如图4-30所示。

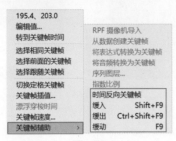

图 4-30

在【时间轴】面板中创建一个形状图形，然后将其复制4份摆放到下方合适位置并修改其填充颜色，效果如图4-31所示。

图 4-31

在【时间轴】面板中选中所有图层，在英文输入法状态下，按P键，打开【位置】属性，为所有图层添加相同的【位置】关键帧动画，如图4-32所示。

图 4-32

选中图层2【位置】属性的所有关键帧，单击鼠标右键，在弹出的快捷菜单中执行【关键帧辅助】→【缓入】命令，如图4-33所示。

图 4-33

此时【位置】属性的关键帧形状变为 ，如图4-34所示。

图 4-34

图层2关键帧缓入移动路径如图4-35所示。

图 4-35

选中图层3【位置】属性的所有关键帧，单击鼠标右键，在弹出的快捷菜单中执行【关键帧辅助】→【缓出】命令，此时【位置】属性的关键帧形状变为 ，如图4-36所示。

图 4-36

图层3关键帧缓出移动路径如图4-37所示。

图 4-37

选中图层4【位置】属性的所有关键帧，单击鼠标右键，在弹出的快捷菜单中执行【关键帧辅助】→【缓动】命令，此时【位置】属性的关键帧形状变为![icon]，如图4-38所示。

图 4-38

此时图层4关键帧缓动移动路径如图4-39所示。

图 4-39

选中图层5【位置】属性的所有关键帧，单击鼠标右键，在弹出的快捷菜单中执行【关键帧辅助】→【时间反向关键帧】命令，此时【位置】属性的关键帧位置及形状如图4-40所示。

图 4-40

此时图层5关键帧时间反向关键帧移动路径如图4-41所示。

图 4-41

拖动时间线，查看图形缓入、缓出和缓动的动画效果如图4-42所示。

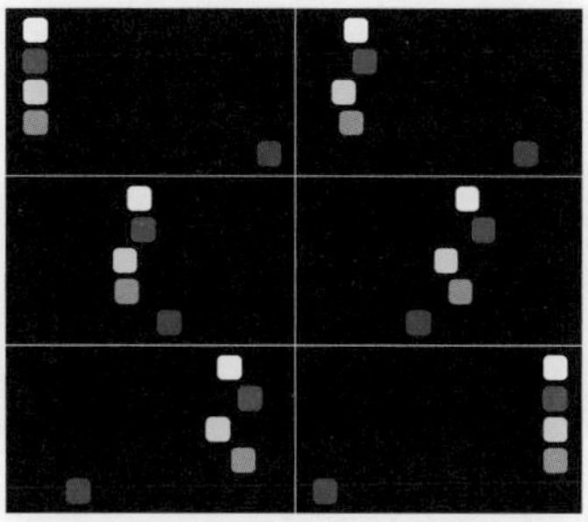

图 4-42

4.5 序列图层

序列图层可以将【时间轴】面板中选定的素材按照持续时间依次排列。

在【时间轴】面板中选中所有素材，设置结束时间为1秒，如图4-43所示。

图 4-43

在菜单栏中执行【动画】→【关键帧辅助】→【序列图层】命令，如图4-44所示。

图 4-44

在打开的【序列图层】对话框中单击【确定】按钮，如图4-45所示。

图 4-45

此时【时间轴】面板的时间线区域如图4-46所示。

图 4-46

拖动时间线，画面效果如图4-47所示。

图 4-47

在打开的【序列图层】对话框中勾选【重叠】复选框，设置合适的【持续时间】和【过渡】方式，如图4-48所示。

图 4-48

此时【时间轴】面板的时间区域如图4-49所示。

图 4-49

在【时间轴】面板中选中所有图层，在英文输入状态下按T键，展开所有图层的【不透明度】属性，可以看到所有图层添加了一个【不透明度】动画，如图4-50所示。

图 4-50

拖动时间线，画面效果如图4-51所示。

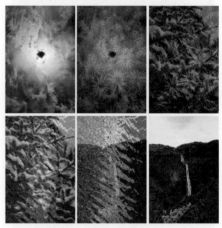

图 4-51

4.6 实操：弹出文字效果

文件路径：资源包\案例文件\第4章 动画\实操：弹出文字效果

本案例主要学习制作弹出文字的画面效果。案例效果如图4-52所示。

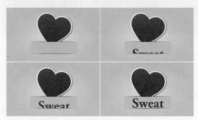

图 4-52

After Effects 2022 影视后期制作案例教程（全彩慕课版）

4.6.1　项目诉求

本案例是以"文字快速出现"为主题的短视频项目。在短视频中常常出现文字快速弹出的效果。本案例要求实现具有动感文字出现的画面效果。

4.6.2　设计思路

本案例以文字弹出为基本设计思路，选择倾斜的爱心作为画面主图，给人动感，同时输入文字，并制作文字在爱心下方出现的效果，在传递信息时也使画面更加丰富。

4.6.3　配色方案

主色：以灰菊色作为画面的主色，如图4-53所示。灰橘色给人稳重、活力的感觉，同时灰橘色的饱和度偏低，使画面更加柔和，也更加突出画面中的其他元素。

图 4-53

辅助色：本案例采用红色与白色作为辅助色，如图4-54所示。红色给人热情、热血的感觉。红色与主色为对比色，对比色令画面更具冲击力、更加醒目，使画面中颜色对比恰到好处，白色则使画面更好地融合。

图 4-54

4.6.4　版面构图

本案例采用中轴型的构图方式（见图4-55），将爱心与文字组合成的图案在版面中间部位呈现。这样既保证了物体的完整性，又清楚地传递了信息。

图 4-55

4.6.5　项目实战

操作步骤：

1. 导入素材文件

（1）在【项目】面板中单击鼠标右键，在弹出的快捷菜单中执行【新建合成】命令，在打开的【合成设置】对话框中设置【预设】为HDTV 1080 25，【持续时间】为3秒10帧，如图4-56所示。

图 4-56

（2）执行【文件】→【导入】→【文件】命令或按组合键Ctrl+I，在打开的【导入文件】对话框中选择所需要的素材，选择完后单击【导入】按钮导入素材，如图4-57所示。

图 4-57

（3）在【项目】面板中将素材01.jpg拖曳到【时间轴】面板中，如图4-58所示。

图 4-58

2. 制作弹出文字效果

（1）在【时间轴】面板中的空白位置单击鼠标右键，在弹出的快捷菜单中执行【新建】→【文本】命令，如图4-59所示。

图 4-59

（2）在画面中输入文字，然后在【字符】面板中设置合适的【字体系列】和【字体样式】，设置【字体颜色】为红色，【字体大小】为200像素，【字符间距】为14，并单击左下角的【仿粗体】按钮，如图4-60所示。

图 4-60

（3）为文本【位置】设置关键帧。在【时间轴】面板中单击打开文本图层下方的【变换】，单击【位置】左边的（时间变化秒表）按钮，将时间线拖动至起始帧位置，设置【位置】为（960.0,1077.0），如图4-61所示。接着将时间线拖动至2秒18帧，并设置【位置】为（960.0,876.0）。

图 4-61

（4）拖动时间线，画面效果如图4-62所示。

图 4-62

（5）为文本制作遮罩效果。在【时间轴】面板中单击选中文本图层，接着在【工具】面板中单击（矩形工具）按钮，然后在画面中的合适位置按住鼠标左键并拖曳矩形至合适大小。此时画面效果如图4-63所示。

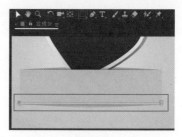

图 4-63

（6）在【时间轴】面板中单击打开【SWEAT】文本图层下方的【蒙版】，将时间线拖动至起始帧处，单击【蒙版1】下【蒙版路径】左边的（时间变化秒表）按钮，如图4-64所示。然后将时间线拖动至2秒18帧处，将鼠标指针定位在遮罩路径上并按住Ctrl键，当鼠标指针变为黑色箭头时，按住鼠标左键并向上拖动鼠标，以更改此时的遮罩形状。此时画面效果如图4-65所示。

图 4-64

图 4-65

（7）拖动时间线，查看案例最终效果，如图4-66所示。

图 4-66

4.7 实操：杂志转动效果

文件路径：资源包\案例文件第4章 动画\实操：杂志转动效果

本案例主要学习使用预合成和关键帧制作动画效果。案例效果如图4-67所示。

图 4-67

4.7.1 项目诉求

本案例是以"时尚杂志宣传"为主题的短视频项目。本案例要求制作具有时尚感，且带有高级感的杂志海报。

4.7.2 设计思路

本案例以转动切换为基本设计思路，选择渐变图片作为背景，选择时尚图片作为杂志，并制作转动的动画，使画面产生动感，然后制作杂志的倒影，使画面更加真实，也更具空间感。

4.7.3 配色方案

主色： 以浅粉红色作为画面的主色，如图4-68所示。浅粉红色给人时尚、雅致的感觉。同时浅粉红色的渐变背景既有丰富的变化，又突出画面中的其他元素。

图 4-68

辅助色： 本案例采用博朗底酒红色、江户紫、黑色与铬黄色作为辅助色，如图4-69所示。博朗底酒红色给人热情、热血的感觉。博朗底酒红色与主色为同类色，在使画面统一、和谐的同时，也使画面富有层次感。江户紫给人时尚、高级感。黑色常称为极色，它为画面增加稳定性。铬黄色则为画面带来鲜明的对比，使画面更加鲜明。

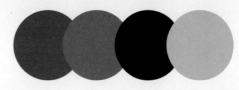

图 4-69

4.7.4 版面构图

本案例采用对称型的构图方式，将杂志以悬空的方式呈现，使画面更具时尚感与科技感，同时图片下方的阴影使画面更加真实，如图4-70所示。

图 4-70

4.7.5 项目实战

操作步骤：

1. 制作杂志投影效果

（1）在【项目】面板中单击鼠标右键，在弹出的快捷菜单中执行【新建合成】命令，在打开的【合成设置】对话框中设置【预设】为HDTV 1080 25，【持续时间】为3秒，【背景颜色】为白色，如图4-71所示。

图 4-71

（2）执行【文件】→【导入】→【文件】命令或按组合键Ctrl+I，在打开的【导入文件】对话框中选择所需要的素材，选择完后单击【导入】按钮导入素材，如图4-72所示。

图 4-72

（3）在【项目】面板中将所有素材拖曳到【时间轴】面板中，如图4-73所示。

图 4-73

（4）在【时间轴】面板中将鼠标指针定位在01.jpg图层上，单击鼠标右键，在弹出的快捷菜单中选择【图层样式】→【描边】命令，如图4-74所示。

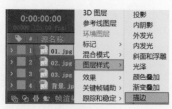

图 4-74

（5）单击打开01.jpg图层下方的【图层样式】，设置【描边】下的【颜色】为黑色，【大小】为20.0，【位置】为内部，如图4-75所示。此时画面效果如图4-76所示。

图 4-75

图 4-76

（6）在【时间轴】面板中单击打开01.jpg图层下方的【变换】，设置【位置】为（960.0,270.0），【缩放】为（50.0,50.0%），如图4-77所示。此时画面效果如图4-78所示。

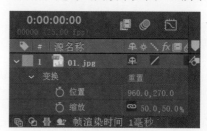

图 4-77

图 4-78

（7）选中01.jpg图层，使用组合键Ctrl+D复制出一个相同的图层，如图4-79所示。

After Effects 2022

影视后期制作案例教程（全彩慕课版）

图 4-79

（8）在【时间轴】面板中单击01.jpg图层1
的■（3D图层）按钮下方对应的位置，将该图
层转换为3D图层。然后单击打开该图层下方
的【变换】，设置【位置】为（960.0,795.0,0.0），
【缩放】为（50.0,50.0,50.0%），【方向】为
（0.0°,180.0°,180.0°），【不透明度】为20%，如
图4-80所示。

图 4-80

（9）此时隐藏02.jpg和03.jpg图层的画
面效果如图4-81所示。

图 4-81

（10）使用同样的方法，为02.jpg和
03.jpg图层制作阴影效果。图4-82和图4-83
所示为隐藏其他图片图层的画面效果。

图 4-82

图 4-83

2. 制作转动效果

（1）在【时间轴】面板中选中图层1和
图层2，然后使用组合键Ctrl+Shift+C打开
【预合成】对话框并单击【确定】按钮，如
图4-84所示。

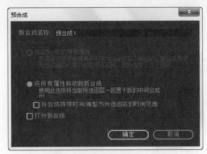

图 4-84

（2）此时得到预合成1，如图4-85所示。

图 4-85

（3）使用同样的方法，将02.jpg和03.jpg
进行预合成，得到预合成2和预合成3，如
图4-86所示。

图 4-86

（4）在【时间轴】面板中将时间线
拖动至起始帧位置，然后打开预合成1下

方的【变换】，并单击【位置】和【缩放】左边的 🕭（时间变化秒表）按钮，设置【位置】为（470.0,730.0），【缩放】为（100.0,100.0%），再将时间线拖动至1秒位置，设置【位置】为（960.0,828.0），【缩放】为（140.0,140.0%），如图4-87所示。

图 4-87

（5）拖动时间线，查看画面效果，如图4-88所示。

图 4-88

（6）在【时间轴】面板中将时间线拖动至起始帧位置，然后单击打开预合成2下方的【变换】，并单击【位置】和【缩放】左边的 🕭（时间变化秒表）按钮，设置【位置】为（960.0,828.0），【缩放】为（140.0,140.0%），如图4-89所示。再将时间线拖动至1秒位置，设置【位置】为（1460.0,730.0），【缩放】为（100.0,100.0%）。

图 4-89

（7）拖动时间线，查看画面效果，如图4-90所示。

图 4-90

（8）在【时间轴】面板中将时间线拖动至起始帧位置，然后单击打开预合成3下方的【变换】，并单击【位置】和【缩放】左边的 🕭（时间变化秒表）按钮，设置【位置】为（1460.0,730.0），【缩放】为（100.0,100.0%），如图4-91所示。再将时间线拖动至1秒位置，设置【位置】为（470.0,730.0），【缩放】为（100.0,100.0%）。

图 4-91

（9）拖动时间线，查看案例最终效果，如图4-92所示。

图 4-92

4.8 实操：环保宣传展示动画

文件路径：资源包\案例文件\第4章 动画\实操：环保宣传展示动画

本案例学习使用【3D图层】与【关键帧】调整参数制作照片掉落效果，并使用【投影】效果添加质感。案例效果如图4-93所示。

图 4-93

4.8.1 项目诉求

本案例是以"环保活动"为主题的短视频宣传项目。本案例要求制作具有创意的环保宣传视频。

4.8.2 设计思路

本案例以照片掉落为基本设计思路,选择墙体照片作为画面背景,为环保活动的图片制作自然散落的画面效果,使画面产生真实感。

4.8.3 配色方案

主色:以亮灰色作为画面的主色,如图4-94所示。亮灰色是最大程度上使人舒适的中性颜色,同时注目性很低,使画面中的其他元素更加明显,画面更具有层次感。

图 4-94

辅助色:本案例采用巧克力色与孔雀蓝色作为辅助色,如图4-95所示。巧克力色给人沉稳的感觉,同时巧克力色作为画面中的重色,使画面更加稳定。孔雀蓝色给人一种科技感。在两种辅助色的色调中,巧克力色象征着自然,孔雀蓝色象征着科技与天空。

图 4-95

点缀色:叶绿色与阳橙色作为画面的点缀色,如图4-96所示。叶绿色给人生机感,阳橙色给人阳光的感觉。这两种颜色的饱和度偏高,在丰富画面的同时,也使画面更具有活力。

图 4-96

4.8.4 版面构图

本案例采用自由型的构图方式(见图4-97),将散落的照片作为画面的主图,给人自然、有活力的感觉。

图 4-97

4.8.5 项目实战

操作步骤:

(1)执行【文件】→【导入】→【文件】命令,导入全部素材。在【项目】面板中将背景.jpg素材文件拖曳到【时间轴】面板中,此时在【项目】面板中自动生成与素材尺寸等大的合成。接着将1.jpg素材拖曳到【时间轴】面板中背景.jpg图层上方,如图4-98所示。

图 4-98

(2)此时【合成】面板画面效果如图4-99所示。

图 4-99

（3）选择1.jpg素材文件，单击 ⬚ （3D图层）按钮，展开【变换】，设置【缩放】为（10.0,10.0,10.0%），【方向】为（0.0°,0.0°,356.6°），接着将时间线移动到起始位置，分别单击【位置】、【X轴旋转】、【Y轴旋转】、【Z轴旋转】左边的 ⏱ （时间变化秒表）按钮，设置【位置】为（459.5,275.0,-1500.0），【X轴旋转】为0x+148.0°，【Y轴旋转】为0x+57.0°，【Z轴旋转】为0x+27.0°，如图4-100所示。将时间线拖动到2秒位置，设置【位置】为（122.7,57.7,1500.0），【X轴旋转】为0x+0.0°，【Y轴旋转】为0x+0.0°，【Z轴旋转】为0x-18.0°。

图 4-100

（4）在【效果和预设】面板中搜索【投影】效果，接着将该效果拖曳到【时间轴】面板中的1.jpg素材文件上，如图4-101所示。

图 4-101

（5）在【时间轴】面板中选择1.jpg素材文件，展开【效果】→【投影】，设置【不透明度】为70%，【距离】为10.0，【柔和度】为30.0，如图4-102所示。

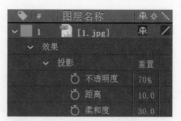

图 4-102

（6）在【项目】面板中将2.jpg素材文件拖曳到【时间轴】面板中的1.jpg素材文件上方，如图4-103所示。

图 4-103

（7）在【时间轴】面板中选择2.jpg素材文件，单击 ⬚ （3D图层）按钮，展开【变换】，设置【缩放】为（12.0,12.0,12.0%），接着将时间线拖动到20帧位置，分别单击【位置】、【X轴旋转】、【Y轴旋转】、【Z轴旋转】左边的 ⏱ （时间变化秒表）按钮，设置【位置】为（905.5,308.0,-700.0）、【X轴旋转】为0x+39.0°、【Y轴旋转】为0x-31.0°，【Z轴旋转】为0x+9.0°。将时间线拖动到2秒10帧位置，设置【位置】为（767.2,350.9,1490.0）、【X轴旋转】为0x+39.0°、【Y轴旋转】为0x-31.0°，【Z轴旋转】为0x+9.0°，如图4-104所示。

图 4-104

（8）在【效果和预设】面板中搜索【投影】效果，接着将该效果拖曳到【时间轴】面板中的2.jpg素材文件上，如图4-105所示。

After Effects 2022 影视后期制作案例教程（全彩慕课版）

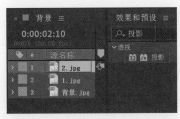

图 4-105

（9）在【时间轴】面板中选择2.jpg素材文件，展开【效果】→【投影】，设置【不透明度】为70%，【距离】为10.0，【柔和度】为30.0，如图4-106所示。

图 4-106

（10）拖动时间线，此时画面效果如图4-107所示。

图 4-107

（11）在【项目】面板中将3.jpg素材文件拖曳到【时间轴】面板中的2.jpg素材文件上方，如图4-108所示。

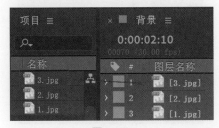

图 4-108

（12）在【时间轴】面板中选择3.jpg素材文件，单击（3D图层）按钮，展开【变换】，设置【缩放】为（16.0,16.0,16.0%），【Z轴旋转】为0x-69.0°。接着将时间线拖

动到1秒22帧位置，分别单击【位置】、【X轴旋转】、【Y轴旋转】左边的（时间变化秒表）按钮，设置【位置】为（69.5,466.0，-758.0），【X轴旋转】为0x+16.0°，【Y轴旋转】为0x+28.0°，如图4-109所示。将时间线拖动到2秒24帧位置，设置【位置】为（161.5,484.4,1485.0），【X轴旋转】为0x+0.0°，【Y轴旋转】为0x+0.0°。

图 4-109

（13）在【效果和预设】面板中搜索【投影】效果，接着将该效果拖曳到【时间轴】面板中的3.jpg素材文件上，如图4-110所示。

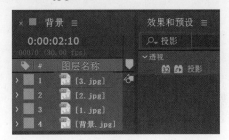

图 4-110

（14）在【时间轴】面板中选择3.jpg素材文件，展开【效果】→【投影】，设置【不透明度】为70%，【距离】为10.0，【柔和度】为30.0，如图4-111所示。

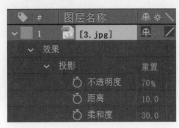

图 4-111

（15）在【项目】面板中将4.jpg素材文件拖曳到【时间轴】面板中的3.jpg素材文件上方，如图4-112所示。

图 4-112

（16）在【时间轴】面板中选择4.jpg素材文件，单击 ▣（3D图层）按钮，展开【变换】，设置【缩放】为（10.0,10.0,10.0%），【Z轴旋转】为0x+21.0°。接着将时间线拖动到2秒03帧位置，分别单击【位置】、【X轴旋转】、【Y轴旋转】左边的 ▣（时间变化秒表）按钮，设置【位置】为（602.5,-23.0,-1000.0），【X轴旋转】为0x+37.0°，【Y轴旋转】为0x+40.0°，如图4-113所示。将时间线拖动到3秒01帧位置，设置【位置】为（648.4,12.9,1480.0），【X轴旋转】为0x+0.0°，【Y轴旋转】为0x+0.0°。

图 4-113

（17）在【效果和预设】面板中搜索【投影】效果，接着将该效果拖曳到【时间轴】面板中的4.jpg素材文件上，如图4-114所示。

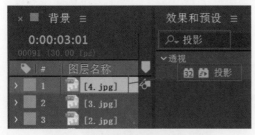

图 4-114

（18）在【时间轴】面板中选择4.jpg素材文件，展开【效果】→【投影】，设置【不透明度】为70%，【距离】为10.0，【柔和度】为30.0，如图4-115所示。

图 4-115

（19）此时本案例制作完成，拖动时间线，画面效果如图4-116所示。

图 4-116

4.9 扩展练习：婚礼展示动画

文件路径：资源包\案例文件\第4章 动画\扩展练习：婚礼展示动画

本案例学习使用【定向模糊】与【关键帧】调整参数来制作照片从清晰变模糊的效果。案例效果如图4-117所示。

图 4-117

4.9.1 项目诉求

本案例是以"婚礼展示"为主题的短视

频宣传项目。在婚礼现场中常常播放各种婚纱照视频。本案例要求制作具有幸福、浪漫感的婚照展示动画。

4.9.2 设计思路

本案例以模糊画面为基本设计思路，选择婚纱照作为画面的主要内容，同时为照片设置合适的播放时间并制作最后模糊的画面效果，使画面产生动感，画面过渡更加柔和。

4.9.3 配色方案

风格：本案例的画面整体风格为唯美风。拍摄婚纱照时常用唯美风作为画面的风格。唯美风给人幸福、浪漫的感觉，同时使画面更具层次感。

4.9.4 项目实战

操作步骤：

（1）执行【文件】→【导入】→【文件】命令，导入全部素材。在【项目】面板中将1.jpg素材文件拖曳到【时间轴】面板中，此时在【项目】面板中自动生成与素材尺寸等大的合成，如图4-118所示。

图 4-118

（2）此时画面效果如图4-119所示。

图 4-119

（3）在【效果和预设】面板中搜索【定向模糊】效果，接着将该效果拖曳到【时间轴】面板中的1.jpg素材文件上，如图4-120所示。

图 4-120

（4）在【时间轴】面板中选择1.jpg素材文件，展开【效果】→【定向模糊】，接着将时间线拖动到起始时间位置，单击【模糊长度】左边的 （时间变化秒表）按钮，设置【模糊长度】为0.0，如图4-121所示。将时间线拖动到08帧位置，设置【模糊长度】为150.0。将时间线拖动到09帧位置，设置【模糊长度】为9.0。将时间线拖动到10帧位置，设置【模糊长度】为14.0。将时间线拖动到11帧位置，设置【模糊长度】为0.0。将时间线拖动到12帧位置，设置【模糊长度】为5.0。将时间线拖动到14帧位置，设置【模糊长度】为0.0。

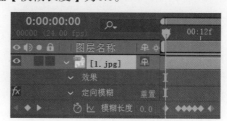

图 4-121

（5）在【项目】面板中将2.jpg素材文件拖曳到【时间轴】面板中的1.jpg素材文件上方，如图4-122所示。

图 4-122

（6）在【时间轴】面板中设置2.jpg素材文件的起始时间为1秒，如图4-123所示。

图 4-123

（7）在【时间轴】面板中选择2.jpg素材文件，展开【变换】，设置【缩放】为（134.0,134.0%），如图4-124所示。

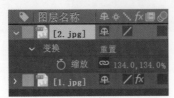

图 4-124

（8）在【效果和预设】面板中搜索【定向模糊】效果，接着将该效果拖曳到【时间轴】面板中的2.jpg素材文件上，如图4-125所示。

图 4-125

（9）在【时间轴】面板中选择2.jpg素材文件，展开【效果】→【定向模糊】，接着将时间线拖动到1秒位置，单击【模糊长度】左边的 ◎（时间变化秒表）按钮，设置【模糊长度】为0.0，如图4-126所示。将时间线拖动到1秒08帧位置，设置【模糊长度】为150.0。将时间线拖动到1秒09帧位置，设置【模糊长度】为9.0。将时间线拖动到1秒10帧位置，设置【模糊长度】为14.0。将时间线拖动到1秒11帧位置，设置【模糊长度】为0.0。将时间线拖动到1秒12帧位置，设置【模糊长度】为5.0。将时间线拖动到1秒14帧位置，设置【模糊长度】为0.0。

图 4-126

（10）拖动时间线，此时画面效果如图4-127所示。

图 4-127

（11）在【项目】面板中将3.jpg素材文件拖曳到【时间轴】面板中的2.jpg素材文件上方，如图4-128所示。

图 4-128

（12）在【时间轴】面板中设置3.jpg素材文件的起始时间为2秒，如图4-129所示。

图 4-129

（13）在【效果和预设】面板中搜索【定向模糊】效果，接着将该效果拖曳到【时间轴】面板中的3.jpg素材文件上。然后在【时间轴】面板中选择3.jpg素材文件，展开【效果】→【定向模糊】，设置【方向】为0x+60.0°，将时间线拖动到2秒位置，单击【模糊长度】左边的 ◎（时间变化秒表）按钮，设置【模糊长度】为0.0，如图4-130所示。将时间线拖动到2秒08帧位置，设置【模糊长度】为150.0。将时间线拖动到2秒09帧位置，设置【模糊长度】为9.0。将时间线拖动到2秒10帧位置，设置【模糊长度】

为14.0。将时间线拖动到2秒11帧位置，设置【模糊长度】为0.0。将时间线拖动到2秒12帧位置，设置【模糊长度】为5.0。将时间线拖动到2秒14帧位置，设置【模糊长度】为0.0。

图 4-130

（14）此时本案例制作完成，拖动时间线，画面效果如图4-131所示。

图 4-131

4.10 课后习题

一、选择题

1. 以下哪种对关键帧的操作是错误的？（　　）
   A. 关键帧可以在同一个属性中复制、粘贴
   B. 关键帧可以在不同的属性中复制、粘贴
   C. 关键帧可以在一个素材中复制，并在另一个素材的相同属性中粘贴
   D. 关键帧可以移动、删除

2. 以下哪种空间差值可以调整两侧控制柄来调整两侧路径形状？（　　）
   A. 贝塞尔曲线
   B. 连续贝塞尔曲线
   C. 线性
   D. 自动贝塞尔曲线

二、填空题

1. 选中图层，按快捷键_____可以显示出已经创建的关键帧。
2. 为文字添加_____，可以快速制作文字有趣的、丰富的动画效果。

三、判断题

1. 将关键帧的间隔时间缩短，可以加快动画的运动速度。
   （　　）
2. 时间重映射可将素材进行加速、减速及倒放，迅速使画面产生节奏变化。
   （　　）

课后实战

● 模拟拍照动画

作业要求：应用【高斯模糊】效果、【描边】图层样式、关键帧动画等制作有趣的拍照效果。参考效果如图4-132所示。

图 4-132

第5章
视频调色

调色是指改变或调整图像中指定的颜色，形成不同的色调。在 After Effects 2022 中，调色是非常重要的功能。本章主要学习调色和颜色校正，以及调色效果的应用。

本章要点

 知识要点

❖ 认识调色
❖ 调色效果的应用

5.1 认识调色

After Effects 2022中含有几十种调色效果，可以通过【效果和预设】面板中【颜色校正】组的效果（见图5-1）为图像调色。

三色调	亮度和对比度
通道混合器	保留颜色
阴影/高光	可选颜色
CC Color Neutralizer	曝光度
CC Color Offset	曲线
CC Kernel	更改为颜色
CC Toner	更改颜色
照片滤镜	自然饱和度
Lumetri 颜色	自动色阶
PS 任意映射	自动对比度
灰度系数/基值/增益	自动颜色
色调	视频限幅器
色调均化	颜色稳定器
色阶	颜色平衡
色阶（单独控件）	颜色平衡 (HLS)
色光	颜色链接
色相/饱和度	黑色和白色
广播颜色	

图 5-1

5.1.1 三色调

三色调效果可以将素材整体调整为指定的单色颜色。应用该效果前后的对比效果如图5-2所示。

图 5-2

5.1.2 通道混合器

通道混合器效果通过将各个通道的颜色混合来调整画面颜色。应用该效果前后的对比效果如图5-3所示。

图 5-3

5.1.3 阴影／高光

阴影/高光效果通过调整素材颜色周围单独像素的阴影和高光来调整画面颜色。应用该效果前后的对比效果如图5-4所示。

图 5-4

5.1.4 CC Color Neutralizer

CC Color Neutralizer效果通过调整阴影、高光、中间调区域颜色来调整画面颜色。应用该效果前后的对比效果如图5-5所示。

图 5-5

5.1.5 CC Color Offset

CC Color Offset效果通过调整图像的红、绿、蓝相位来调整画面颜色。应用该效果前后的对比效果如图5-6所示。

图 5-6

5.1.6 CC Kernel

CC Kernel效果是将素材分成一个3×3的卷积内核，通过调整线1、线2、线3的参数来调整画面颜色。应用该效果前后的对比效果如图5-7所示。

图 5-7

5.1.7 CC Toner

CC Toner效果通过将指定颜色映射到图像阴影、高光和中间调区域来改变画面颜色。应用该效果前后的对比效果如图5-8所示。

图 5-8

5.1.8 照片滤镜

照片滤镜效果通过设置合适的滤镜来调整画面色调。应用该效果前后的对比效果如图5-9所示。

图 5-9

5.1.9 Lumetri 颜色

Lumetri颜色是最强大的调色效果之一，该效果可以对颜色的R、G、B通道单独调节，还可以调节明暗、色调、色相、曲线、色轮等。应用该效果前后的对比效果如图5-10所示。

图 5-10

5.1.10 PS 任意映射

PS任意映射效果可以将指定文件映射到图像中来改变画面颜色，或者直接更改相位参数来改变画面颜色，如图5-11所示。

图 5-11

5.1.11 灰度系数 / 基值 / 增益

灰度系数/基值/增益效果通过调整每个通道来调整画面颜色。应用该效果前后的对比效果如图5-12所示。

图 5-12

5.1.12 色调

色调效果可以为素材进行黑色和白色等指定颜色的着色。应用该效果前后的对比效果如图5-13所示。

图 5-13

5.1.13 色调均化

色调均化效果可以将画面中的亮度与颜色进行均化。应用该效果前后的对比效果如图5-14所示。

图 5-14

5.1.14 色阶

色阶效果通过调整图像的黑、白、灰参数来调整画面颜色。应用该效果前后的对比效果如图5-15所示。

图 5-15

5.1.15 色阶（单独控件）

色阶（单独控件）效果通过单独调整各个通道的黑、白、灰参数来调整画面颜色。应用该效果前后的对比效果如图5-16所示。

图 5-16

5.1.16 色光

色光效果可以为素材重新着色。应用该效果前后的对比效果如图5-17所示。

图 5-17

5.1.17 色相 / 饱和度

色相/饱和度效果通过调整画面的色相和饱和度来调整画面颜色。应用该效果前后的对比效果如图5-18所示。

图 5-18

5.1.18 广播颜色

广播颜色效果是对输出颜色的调色处理。应用该效果前后的对比效果如图5-19所示。

图 5-19

5.1.19 亮度和对比度

亮度和对比度效果通过调整图像的亮度和对比度来调整画面颜色。应用该效果前后的对比效果如图5-20所示。

图 5-20

5.1.20 保留颜色

保留颜色效果可以将素材中的指定颜色保留，其他颜色变为灰调。应用该效果前后的对比效果如图5-21所示。

图 5-21

5.1.21 可选颜色

可选颜色效果可以将素材中的指定颜色进行校正。应用该效果前后的对比效果如图5-22所示。

图 5-22

5.1.22 曝光度

曝光度效果通过调整通道的颜色来调整画面色调。应用该效果前后的对比效果如图5-23所示。

图 5-23

5.1.23 曲线

曲线效果可以通过调整曲线来调整素材的色调。应用该效果前后的对比效果如图5-24所示。

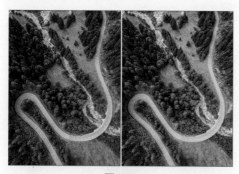

图 5-24

5.1.24 更改为颜色

更改为颜色效果通过调整素材中指定颜

色的色相、亮度和饱和度来更改素材颜色。应用该效果前后的对比效果如图5-25所示。

图 5-25

5.1.25 更改颜色

更改颜色效果通过调整素材的色相、亮度和饱和度来更改素材颜色。应用该效果前后的对比效果如图5-26所示。

图 5-26

5.1.26 自然饱和度

自然饱和度效果通过调整画面的自然饱和度和饱和度来调整画面颜色。应用该效果前后的对比效果如图5-27所示。

图 5-27

5.1.27 自动色阶

自动色阶效果可以自动分析素材中的阴影、中间调和高光，使亮的部分更亮，暗的部分更暗。应用该效果前后的对比效果如图5-28所示。

After Effects 2022 影视后期制作案例教程（全彩慕课版）

图 5-28

5.1.28 自动对比度

自动对比度效果可以自动分析素材中的对比度和颜色，自动调整图像的对比度和颜色。应用该效果前后的对比效果如图5-29所示。

图 5-29

5.1.29 自动颜色

自动颜色效果通过调整图像中的黑、白、灰中间调来调整画面颜色。应用该效果前后的对比效果如图5-30所示。

图 5-30

5.1.30 视频限幅器

视频限幅器效果通过限制视频信号的色度和明亮度值以符合广播规范。应用该效果

前后的对比效果如图5-31所示。

图 5-31

5.1.31 颜色稳定器

颜色稳定器效果可以采集素材某一帧的颜色，然后调整整个素材的颜色。应用该效果前后的对比效果如图5-32所示。

图 5-32

5.1.32 颜色平衡

颜色平衡效果通过调整素材中阴影、中间调和高光中的红色、绿色、蓝色来调整画面颜色。应用该效果前后的对比效果如图5-33所示。

图 5-33

5.1.33 颜色平衡（HLS）

颜色平衡（HLS）效果通过调整素材的色相、亮度和饱和度来调整画面颜色。应用该效果前后的对比效果如图5-34所示。

图 5-34

5.1.34 颜色链接

颜色链接效果通过指定图层画面颜色的平均值来调整当前素材图层的颜色。应用该效果前后的对比效果如图5-35所示。

图 5-35

5.1.35 黑色和白色

黑色和白色效果可以将素材中的颜色转换为单色颜色。应用该效果前后的对比效果如图5-36所示。

图 5-36

5.2 实操：潮流色调

文件路径：资源包\案例文件\第5章
视频调色\实操：潮流色调

本案例主要学习使用【颜色校正】效果组更改画面色调，营造潮流画面感。案例效果如图5-37所示。

图 5-37

5.2.1 项目诉求

本案例是以"潮流配色"为主题的短视频项目。在拍摄视频时常常会遇到拍摄画面中的颜色与实际颜色不符的情况。本案例要求校正颜色并制作具有潮流感的视频画面颜色。

5.2.2 设计思路

本案例选择具有动感的图片作为画面主图，同时调整画面颜色为紫色调，使画面更加富有质感与时尚气息。

5.2.3 配色方案

主色：以葡萄紫色作为画面的主色，如图5-38所示。葡萄紫色是冷色调的一种，给人时尚、神秘的感觉。同时葡萄紫色的饱和度偏低，使画面更具稳定性。

图 5-38

辅助色：本案例采用咖啡色、万寿菊黄色、灰玫红色作为辅助色，如图5-39所示。咖啡色给人辉煌、热情的感觉。万寿菊黄色给人鲜活、有活力的感觉。万寿菊黄色与主色为对比色。对比色给人带来的强烈视觉冲击力使画面更具活力。灰玫红色给人时尚、热情的感觉，使画面更加丰富。

图 5-39

图 5-42

5.2.4 项目实战

操作步骤:

1. 导入素材文件

(1)在【项目】面板中单击鼠标右键,在弹出的快捷菜单中执行【新建合成】命令,在打开的【合成设置】对话框中设置【预设】为自定义,【宽度】为1500px,【高度】为1000px,【持续时间】为5秒01帧,如图5-40所示。

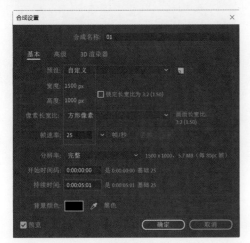

图 5-40

(2)执行【文件】→【导入】→【文件】命令或按组合键Ctrl+I,在打开的【导入文件】对话框中选择需要的素材,接着单击【导入】按钮导入素材,如图5-41所示。

图 5-41

(3)在【项目】面板中将素材01.jpg拖曳到【时间轴】面板中,如图5-42所示。

2. 调整画面色调

(1)在【效果和预设】面板中搜索【曲线】效果,并将其拖曳到【时间轴】面板中的01.jpg图层上,如图5-43所示。

图 5-43

(2)在【时间轴】面板中选中素材01.jpg图层,在【效果控件】面板中设置【通道】为红色,然后调整曲线形状,如图5-44所示。

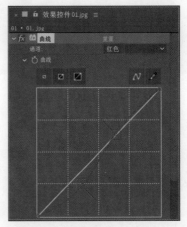

图 5-44

(3)此时画面效果如图5-45所示。

图 5-45

（4）设置【通道】为绿色，然后调整曲线形状，如图5-46所示。

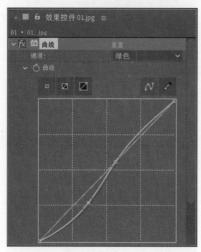

图 5-46

（5）此时画面效果如图5-47所示。

图 5-47

（6）设置【通道】为蓝色，然后调整曲线形状，如图5-48所示。

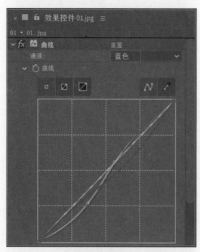

图 5-48

（7）此时画面效果如图5-49所示。

图 5-49

（8）在【效果和预设】面板中搜索【高斯模糊】效果，并将其拖曳至【时间轴】面板中的素材01.jpg图层上，如图5-50所示。

图 5-50

（9）在【时间轴】面板中单击01.jpg图层，在【效果控件】面板中展开【高斯模糊】，设置【模糊度】为1.0，如图5-51所示。

图 5-51

（10）此时画面效果如图5-52所示。

图 5-52

（11）在【效果和预设】面板中搜索【锐化】效果，并将其拖曳至【时间轴】面板中的01.jpg图层上，如图5-53所示。

图 5-53

（12）在【时间轴】面板中单击01.jpg图
层，在【效果控件】面板中展开【锐化】，
设置【锐化量】为50，如图5-54所示。

图 5-54

（13）此时画面效果如图5-55所示。

图 5-55

（14）在【效果和预设】面板中搜索【杂
色】效果，并将其拖曳至【时间轴】面板中
的01.jpg图层上，如图5-56所示。

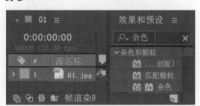

图 5-56

（15）在【时间轴】面板中单击01.jpg
图层，接着在【效果控件】面板中展开【杂
色】，设置【杂色数量】为2.0%，如图5-57
所示。

图 5-57

（16）此时画面效果如图5-58所示。

图 5-58

（17）在【效果和预设】面板中搜索【颜
色平衡】效果，并将其拖曳至【时间轴】面
板中的01.jpg图层上，如图5-59所示。

图 5-59

（18）在【时间轴】面板中单击01.jpg
图层的【效果】→【颜色平衡】，设置【阴
影红色平衡】为50.0，【阴影蓝色平衡】为
38.0，【中间调绿色平衡】为10.0，【高光红
色平衡】为20.0，【高光蓝色平衡】为35.0，
如图5-60所示。

图 5-60

（19）此时画面效果如图5-61所示。

图 5-61

（20）在【效果和预设】面板中搜索【锐化】效果，并将其拖曳至【时间轴】面板中的01.jpg图层上，如图5-62所示。

图 5-62

（21）在【时间轴】面板中单击01.jpg图层，在【效果控件】面板中展开【锐化2】，设置【锐化量】为30，如图5-63所示。

图 5-63

（22）此时画面效果如图5-64所示。

图 5-64

3. 为画面添加点缀效果

（1）在【项目】面板中将素材02.png拖曳到【时间轴】面板中，如图5-65所示。

图 5-65

（2）在【时间轴】面板中单击打开02.png图层下的【变换】，设置【位置】为（1066.7, 462.0），如图5-66所示。

图 5-66

（3）案例最终效果如图5-67所示。

图 5-67

5.3 实操：回忆中的故事

文件路径：资源包\案例文件\第5章视频调色\实操：回忆中的故事

本案例主要学习使用照片滤镜等调色效果来制作怀旧感照片效果。案例效果如图5-68所示。

图 5-68

5.3.1 项目诉求

本案例是以"老照片"为主题的短视频项目。在摄影作品或短视频中常常出现老照片，这些老照片使画面更有质感与怀旧感。本案例要求制作出老照片散落的画面。

5.3.2 设计思路

本案例以复古照片为基本设计思路，选择藤蔓墙壁的图片作为画面背景，选择合适的照片，并制作画面褪色效果，使照片具有年代感与回忆感，然后制作倾斜的摆放效果，给人自然散落的感觉。

5.3.3 配色方案

主色：以咖啡色作为画面的主色，如图5-69所示。咖啡色给人温暖、古典的感觉，同时咖啡色作为画面主色使画面中的其他颜色更加突出，画面更具层次感。

图 5-69

辅助色：本案例采用秋菊色与橄榄绿色作为辅助色，如图5-70所示。秋菊色给人阳光、稳重的感觉。秋菊色与主色为邻近色，两种颜色搭配在一起会让整体画面既富有层次，又协调、统一。橄榄绿色给人简约、天然的感觉，使画面颜色更加丰富。

图 5-70

5.3.4 项目实战

操作步骤：

1. 制作背景

（1）在【项目】面板中单击鼠标右键，在弹出的快捷菜单中执行【新建合成】命令，在打开的【合成设置】对话框中设置【预设】为自定义，【宽度】为1000px，【高度】为742px，【帧速率】为25，【持续时间】为5秒01帧，如图5-71所示。

图 5-71

（2）执行【文件】→【导入】→【文件】命令或按组合键Ctrl+I，在打开的【导入文件】对话框中选择所需要的素材，接着单击【导入】按钮导入素材，如图5-72所示。

图 5-72

（3）在【项目】面板中将背景.jpg素材拖曳到【时间轴】面板中，如图5-73所示。

图 5-73

（4）在【效果和预设】面板中搜索【三色调】效果，并将其拖曳到【时间轴】面板中的背景.jpg图层上，如图5-74所示。

图 5-74

（5）在【时间轴】面板中单击打开背景.jpg图层下的【效果】，设置【三色调】下的【中间调】为驼黄色，【与原始图像混合】为70.0%，如图5-75所示。

图 5-75

（6）此时画面效果如图5-76所示。

图 5-76

2. 制作怀旧感照片

（1）在【项目】面板中将01.png素材拖曳到【时间轴】面板中，如图5-77所示。

图 5-77

（2）在【时间轴】面板中单击打开01.png图层下的【变换】，设置【位置】为（438.0,301.0），【缩放】为（90.0,90.0%），【旋转】为0x-8.0°，如图5-78所示。

图 5-78

（3）此时画面效果如图5-79所示。

图 5-79

（4）在【效果和预设】面板中搜索【照片滤镜】效果，并将其拖曳到【时间轴】面

板中的01.png图层上，如图5-80所示。

图 5-80

（5）单击打开01.png图层下的【效果】，设置【照片滤镜】下的【滤镜】为暖色滤镜（81），如图5-81所示。

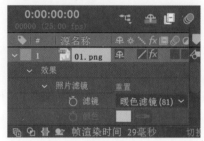

图 5-81

（6）此时画面效果如图5-82所示。

图 5-82

（7）在【效果和预设】面板中搜索【三色调】效果，并将其拖曳到【时间轴】面板中的01.png图层上，如图5-83所示。

图 5-83

（8）在【时间轴】面板中单击打开01.png图层下的【效果】，设置【三色调】下的【中间调】为土黄色，如图5-84所示。

图 5-84

（9）此时画面效果如图5-85所示。

图 5-85

（10）在【效果和预设】面板中搜索【投影】效果，并将其拖曳到【时间轴】面板中的01.png图层上，如图5-86所示。

图 5-86

（11）在【时间轴】面板中单击打开01.png图层下的【效果】，设置【投影】下的【距离】为15.0，【柔和度】为20.0，如图5-87所示。

图 5-87

（12）此时画面效果如图5-88所示。

图 5-88

（13）在【项目】面板中将素材02.png拖曳到【时间轴】面板中，如图5-89所示。

图 5-89

（14）在【时间轴】面板中单击打开02.png图层下的【变换】，设置【位置】为（652.0,460.0），【缩放】为（80.0,80.0%），【旋转】为0x+11.0°，如图5-90所示。

图 5-90

（15）此时画面效果如图5-91所示。

图 5-91

（16）在【时间轴】面板中单击打开01.png图层，选中【效果】，使用组合键Ctrl+C进行复制，再选中02.png图层，使用组合键Ctrl+V进行粘贴，如图5-92所示。此时可以看到在02.png图层复制得到了与01.png相同的效果。

图 5-92

（17）案例最终效果如图5-93所示。

图 5-93

5.4 实操：经典黑白风格

文件路径：资源包\案例文件\第5章视频调色\实操：经典黑白风格

本案例主要学习制作经典黑白风格画面效果。案例效果如图5-94所示。

图 5-94

5.4.1 项目诉求

本案例是以"水墨山水"为主题的短视频项目。在摄影作品中常常出现水墨感的山水图片，给人深远、空旷的感觉。本案例要求制作出有水墨山水感觉且给人空间感的视频。

5.4.2 设计思路

本案例以水墨山水为基本设计思路，选择具有深邃感和空间感的图片作为画面主图，制作画面黑白效果，调整参数值使画面更加真实，给人中国风的水墨画之感，同时给人洒脱、自然的感觉。

5.4.3 配色方案

主色：以灰色作为画面的主色，如图5-95所示。灰色给人简约、雅致的感觉，同时灰色的注目性很低，与其他颜色搭配可突出其他颜色，使画面更具层次感。

图 5-95

辅助色：本案例采用黑色与白色作为辅助色，如图5-96所示。黑色是中国风中的传统颜色，给人庄严的感觉。白色给人庄重、干净的感觉，使画面颜色更加丰富。

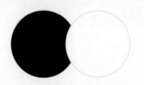

图 5-96

5.4.4 项目实战

操作步骤：

1. 导入素材文件

（1）在【项目】面板中单击鼠标右键，在弹出的对话框中执行【新建合成】命令，在打开的【合成设置】对话框中设置【预设】为自定义，【宽度】为1680px，【高度】为1050px，【像素长宽比】为方形像素，【帧速率】为25，【持续时间】为30秒，如图5-97所示。

图 5-97

（2）执行【文件】→【导入】→【文件】命令或按组合键Ctrl+I，在打开的【导入文件】对话框中选择所需要的素材，接着单击【导入】按钮导入素材，如图5-98所示。

图 5-98

（3）在【项目】面板中将素材01.jpg拖曳到【时间轴】面板中，如图5-99所示。

图 5-99

（4）此时画面效果如图5-100所示。

图 5-100

2. 更改画面色调

（1）在【效果和预设】面板中搜索【黑色和白色】效果，并将其拖曳到【时间轴】面板中的01.jpg图层上，如图5-101所示。

图 5-101

（2）此时画面效果如图5-102所示。

图 5-102

（3）在【效果和预设】面板中搜索【亮度和对比度】效果，并将其拖曳到【时间轴】面板中的01.jpg图层上，如图5-103所示。

图 5-103

（4）在【时间轴】面板中单击选中01.jpg图层，在【效果控件】中设置【亮度和对比度】下的【亮度】为20，【对比度】为50，勾选【使用旧版（支持HDR）】复选框，如图5-104所示。

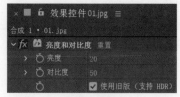

图 5-104

（5）案例最终效果如图5-105所示。

图 5-105

5.5 实操：梦中仙境唯美色调

文件路径：资源包\案例文件\第5章
视频调色\实操：梦中仙境唯美色调

本案例主要学习使用调色命令更改画面色调，营造梦中仙境画面效果。案例效果如图5-106所示。

图 5-106

5.5.1 项目诉求

本案例是以"仙境"为主题的短视频项目。仙境在人们的印象中常常是薄雾弥漫的山谷。本案例要求制作朦胧感的风景视频。

5.5.2 设计思路

本案例以山谷为基本设计思路，选择具有深空间感的山谷图片作为画面主图，调整画面对比度等参数使画面变灰调，制作画面朦胧效果，给人梦幻仙境的感觉。

5.5.3 配色方案

主色：以钴绿色作为画面的主色，如图5-107所示。

图 5-107

辅助色：本案例采用灰绿色、浅葱色、枯叶绿色作为辅助色，如图5-108所示。灰绿色与主色为同类色，使画面在统一、和谐的色调中更具有变化，画面更加丰富。浅葱色给人淡雅、安静的感觉，同时为画面增加浅色，使画面更具有活力感。枯叶绿色既丰富了画面，又使画面更加富有层次。

图 5-108

5.5.4 项目实战

操作步骤：

1. 导入素材文件

（1）在【项目】面板中单击鼠标右键，在弹出的快捷菜单中执行【新建合成】命令，在打开的【合成设置】对话框中设置【预设】为自定义，【宽度】为2977px，【高度】为1955px，【像素长宽比】为方形像素，【帧速率】为25，【持续时间】为5秒01帧，如图5-109所示。

图 5-109

（2）执行【文件】→【导入】→【文件】命令或按组合键Ctrl+I，在打开的【导入文件】对话框中选择所需要的素材，接着单击【导入】按钮导入素材，如图5-110所示。

After Effects 2022 影视后期制作案例教程（全彩慕课版）

图 5-110

（3）在【项目】面板中将素材01.jpg拖曳到【时间轴】面板中，如图5-111所示。

图 5-111

2. 调整画面色调

（1）在【效果和预设】面板中搜索【色调】效果，并将其拖曳到【时间轴】面板中的01.jpg图层上，如图5-112所示。

图 5-112

（2）在【时间轴】面板中单击01.jpg图层，在【效果控件】面板中展开【色调】，设置【将黑色映射到】为灰色，【将白色映射到】为灰色，【着色数量】为10.0%，如图5-113所示。

图 5-113

（3）此时画面效果如图5-114所示。

图 5-114

（4）在【效果和预设】面板中搜索【照片滤镜】效果，并将其拖曳到【时间轴】面板中的01.jpg图层上，如图5-115所示。

图 5-115

（5）在【时间轴】面板中单击打开01.jpg图层下的【效果】，设置【照片滤镜】下的【滤镜】为自定义，【颜色】为青绿色，如图5-116所示。

图 5-116

（6）此时画面效果如图5-117所示。

图 5-117

（7）在【效果和预设】面板中搜索【曲线】效果，并将其拖曳到【时间轴】面板中的01.jpg图层上，如图5-118所示。

图 5-118

（8）在【时间轴】面板中选中素材01.jpg图层，在【效果控件】面板中调整曲线形状，如图5-119所示。

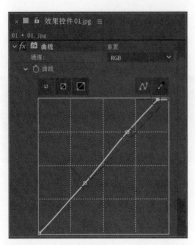

图 5-119

（9）此时画面效果如图5-120所示。

图 5-120

（10）在【效果和预设】面板中搜索【色阶】效果，并将其拖曳到【时间轴】面板中的01.jpg图层上，如图5-121所示。

图 5-121

（11）在【时间轴】面板中选中素材01.jpg图层，在【效果控件】面板中设置【色阶】下的【输入黑色】为2.0，【灰度系数】为1.12，【输出黑色】为79.0，如图5-122所示。

图 5-122

（12）此时画面效果如图5-123所示。

图 5-123

（13）在【效果和预设】面板中搜索【自然饱和度】效果，并将其拖曳到【时间轴】面板中的01.jpg图层上，如图5-124所示。

图 5-124

（14）在【时间轴】面板中单击01.jpg图层，在【效果控件】面板中展开【自然饱和度】，设置【自然饱和度】为-20.0，【饱和度】为-20.0，如图5-125所示。

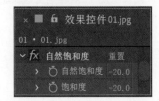

图 5-125

（15）案例最终效果如图5-126所示。

图 5-126

5.6 实操：四色渐变色调

文件路径：资源包\案例文件\第5章
视频调色\实操：四色渐变色调

本案例主要学习使用【颜色校正】效果组制作四色渐变画面效果。案例效果如图5-127所示。

图 5-127

5.6.1 项目诉求

本案例是以"唯美人像"为主题的短视频项目。在影视作品中，常常使用一个单独拉进的镜头来体现女性的美感。本案例要求制作出具有唯美感的女性特质展示画面。

5.6.2 设计思路

本案例以唯美风为基本设计思路，选择女性的侧脸图片作为画面主图，制作画面红色调效果，使画面更加柔和，同时制作渐变效果为画面带来变化，使画面更加丰富，最后为画面添加花瓣效果，使画面梦幻、甜美，同时带有一定的动感。

5.6.3 配色方案

主色: 以浅粉红色作为画面的主色，如图5-128所示。红色常常给人浓厚感。浅粉色给人甜美、欢快的感觉，为画面增加了朦胧感，使画面中的女性更加柔美，画面整体更加浪漫唯美。

图 5-128

辅助色: 本案例采用奶黄色、三色堇紫色、浅玫瑰红色作为辅助色，如图5-129所示。奶黄色给人鲜活、柔软的感觉。奶黄色与主色为对比色，使画面对比度更加强烈，同时主色与奶黄色饱和度偏低，使画面在有

变化的同时更加柔和。三色堇紫色给人优雅、时尚的感觉。浅玫瑰红色给人热烈的感觉。

图 5-129

5.6.4 项目实战

操作步骤:

1. 导入素材文件

（1）在【项目】面板中单击鼠标右键，在弹出的快捷菜单中执行【新建合成】命令，在打开的【合成设置】对话框中设置【预设】为自定义，【宽度】为1300px，【高度】为866px，【像素长宽比】为方形像素，【帧速率】为25，【持续时间】为5秒01帧，如图5-130所示。

图 5-130

（2）执行【文件】→【导入】→【文件】命令或按组合键Ctrl+I，在打开的【导入文件】对话框中选择所需要的素材，接着单击【导入】按钮导入素材，如图5-131所示。

图 5-131

（3）在【项目】面板中将素材01.jpg拖曳到【时间轴】面板中，如图5-132所示。

图 5-132

2．制作四色渐变画面效果

（1）在【效果和预设】面板中搜索【曲线】效果，并将其拖曳到【时间轴】面板中的01.jpg图层上，如图5-133所示。

图 5-133

（2）在【时间轴】面板中选中素材01.jpg图层，在【效果控件】面板中调整曲线形状，如图5-134所示。

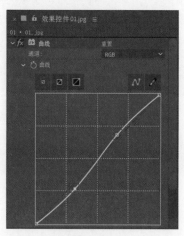

图 5-134

（3）此时画面效果如图5-135所示。

图 5-135

（4）在【效果和预设】面板中搜索【色相/饱和度】效果，并将其拖曳到【时间轴】面板中的01.jpg图层上，如图5-136所示。

图 5-136

（5）在【时间轴】面板中选中素材01.jpg图层，在【效果控件】面板中设置【色相/饱和度】下的【主饱和度】为-30，如图5-137所示。

图 5-137

（6）此时画面效果如图5-138所示。

图 5-138

（7）在【效果和预设】面板中搜索【颜色平衡】效果，并将其拖曳到【时间轴】面板中的01.jpg图层上，如图5-139所示。

图 5-139

（8）在【时间轴】面板中单击打开01.jpg图层下的【效果】，设置【颜色平衡】下的【阴影红色平衡】为80.0，【阴影蓝色

After Effects 2022 影视后期制作案例教程（全彩慕课版）

平衡】为11.0,【中间调红色平衡】为30.0,【高光红色平衡】为20.0,【高光绿色平衡】为6.0,【高光蓝色平衡】为-50.0,如图5-140所示。

图 5-140

（9）此时画面效果如图5-141所示。

图 5-141

（10）在【效果和预设】面板中搜索【高斯模糊】效果,并将其拖曳到【时间轴】面板中的01.jpg图层上,如图5-142所示。

图 5-142

（11）在【时间轴】面板中单击01.jpg图层,在【效果控件】面板中展开【高斯模糊】,设置【模糊度】为1.0,如图5-143所示。

图 5-143

（12）此时画面效果如图5-144所示。

图 5-144

（13）在【效果和预设】面板中搜索【锐化】效果,并将其拖曳到【时间轴】面板中的01.jpg图层上,如图5-145所示。

图 5-145

（14）在【时间轴】面板中单击01.jpg图层,在【效果控件】面板中设置【锐化】下的【锐化量】为50,如图5-146所示。

图 5-146

（15）此时画面效果如图5-147所示。

图 5-147

（16）在【效果和预设】面板中搜索【四色渐变】效果,并将其拖曳到【时间轴】面板中的01.jpg图层上,如图5-148所示。

图 5-148

（17）在【时间轴】面板中单击打开01.jpg图层下的【效果】，设置【四色渐变】下【位置和颜色】的【点1】为（192.0,108.0），【颜色1】为橄榄绿色，【点2】为（1728.0,108.0），【颜色2】为墨绿色，【点3】为（192.0,972.0），【颜色3】为深洋红色，【点4】为（1692.0,878.0），【颜色4】为藏蓝色，【混合模式】为滤色，如图5-149所示。

图 5-149

（18）此时画面效果如图5-150所示。

图 5-150

（19）在【效果和预设】面板中搜索【曲线】效果，并将其拖曳到【时间轴】面板中的01.jpg图层上，如图5-151所示。

图 5-151

（20）在【时间轴】面板中选中素材01.jpg图层，在【效果控件】面板中调整曲线形状，如图5-152所示。

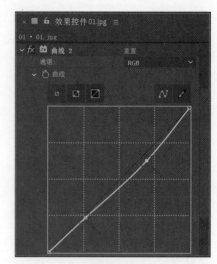

图 5-152

（21）此时画面效果如图5-153所示。

图 5-153

3. 为画面营造浪漫氛围

（1）在【项目】面板中将素材02.png拖曳到【时间轴】面板中，如图5-154所示。

图 5-154

（2）在【时间轴】面板中单击打开02.png图层下的【变换】，设置【位置】为（650.0,381.0），【缩放】为（76.0,76.0%），如图5-155所示。

图 5-155

After Effects 2022 影视后期制作案例教程（全彩慕课版）

（3）此时画面效果如图5-156所示。

图 5-156

（4）在【效果和预设】面板中搜索【色相/饱和度】效果，并将其拖曳到【时间轴】面板中的02.png图层上，如图5-157所示。

图 5-157

（5）在【时间轴】面板中选中02.png图层，在【效果控件】面板中设置【色相/饱和度】下的【主饱和度】为100，【主亮度】为-5，如图5-158所示。

图 5-158

（6）案例最终效果如图5-159所示。

图 5-159

5.7 实操：只保留画面紫红色

文件路径：资源包\案例文件\第5章视频调色\实操：只保留画面紫红色

本案例主要学习如何更改画面颜色，打造只有紫红色一种颜色的画面效果。案例效果如图5-160所示。

图 5-160

5.7.1 项目诉求

本案例是以"保留颜色"为主题的短视频项目。在影视作品中常出现画面中只有一种颜色的情况。本案例要求制作视频只保留画面中一种单独颜色的效果。

5.7.2 设计思路

本案例以保留颜色为基本设计思路，选择插在花瓶中的花朵图片作为画面主图，制作画面只保留紫红色的效果，使画面更引人遐想，也更具有质感。

5.7.3 配色方案

主色：以白色作为画面的主色，如图5-161所示，给人干净、清透的感觉。白色使画面中的其他元素更加明显，同时使画面的层次感分明。

图 5-161

辅助色：本案例采用蝴蝶花紫色、灰紫色作为辅助色，如图5-162所示。蝴蝶花紫色给人时尚、高贵、优雅的感觉。同时紫色是大自然中少有的色彩，为画面增添了情趣，使画面更加饱满。灰紫色作为画面中的灰色调，使画面更加具有层次。

图 5-162

操作步骤：

1. 导入素材文件

（1）在【项目】面板中单击鼠标右键，在弹出的快捷菜单中执行【新建合成】命令，在打开的【合成设置】对话框中设置【预设】为自定义，【宽度】为1024 px，【高度】为768 px，【像素长宽比】为方形像素，【帧速率】为25，如图5-163所示。

图 5-163

（2）执行【文件】→【导入】→【文件】命令或按组合键Ctrl+I，在打开的【导入文件】对话框中选择所需要的素材，接着单击【导入】按钮导入素材，如图5-164所示。

图 5-164

（3）在【项目】面板中将素材01.jpg拖曳到【时间轴】面板中，如图5-165所示。

图 5-165

2. 调节画面色调

（1）在【效果和预设】面板中搜索【保留颜色】效果，并将其拖曳到【时间轴】面板中的01.jpg图层上，如图5-166所示。

图 5-166

（2）在【时间轴】面板中单击01.jpg图层，在【效果控件】面板中设置【保留颜色】下的【脱色量】为96.0%，【要保留的颜色】为紫红色，【容差】为10.0%，【边缘柔和度】为13.0%，【匹配颜色】为使用色相，如图5-167所示。

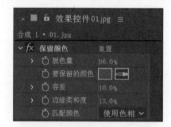

图 5-167

（3）此时画面效果如图5-168所示。

图 5-168

（4）在【效果和预设】面板中搜索【曲线】效果，并将其拖曳到【时间轴】面板中的01.jpg图层上，如图5-169所示。

图 5-169

（5）在【时间轴】面板中选中素材01.jpg图层，在【效果控件】面板中调整曲线形状，如图5-170所示。

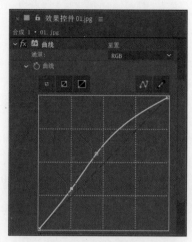

图 5-170

（6）案例最终效果如图5-171所示。

图 5-171

5.8 实操：小清新色调

本案例主要学习使用调色命令更改画面色调，营造清新的画面效果。案例效果如图5-172所示。

图 5-172

5.8.1 项目诉求

本案例是以"小清新色调"为主题的短视频项目。在影视作品中常出现清透、自然的画面。本案例要求制作小清新色调的画面效果。

5.8.2 设计思路

本案例以清新色调为基本设计思路，选择插在花瓶中的花朵图片作为画面主图，通过调整画面的对比度、亮度等参数制作画面清新的效果。

5.8.3 配色方案

风格：本案例以小清新风格为画面整体风格，小清新风格给人清透、靓丽的感觉。画面中的绿色给人清新、自然之感。白色为画面添加亮色，使画面整体变亮。紫色为画面带来重色，使画面更加稳定且更具层次感。

5.8.4 项目实战

操作步骤：

1. 导入素材文件

（1）在【项目】面板中单击鼠标右键，在弹出的快捷菜单中执行【新建合成】命令，在打开的【合成设置】对话框中设置【预设】为自定义，【宽度】为2950px，【高度】为2094px，【帧速率】为25，【持续时间】为5秒01帧，如图5-173所示。

图 5-173

（2）执行【文件】→【导入】→【文件】命令或按组合键Ctrl+I，在打开的【导入文件】对话框中导入素材。接下来在【项目】面板中将素材01.jpg拖曳到【时间轴】面板中，如图5-174所示。

图 5-174

2. 调节画面色调

（1）在【效果和预设】面板中搜索【色调】效果，并将其拖曳到【时间轴】面板中的01.jpg图层上，如图5-175所示。

图 5-175

（2）在【时间轴】面板中单击打开01.jpg图层下的【效果】，设置【色调】下的【着色数量】为30.0%，如图5-176所示。

图 5-176

（3）此时画面效果如图5-177所示。

图 5-177

（4）在【效果和预设】面板中搜索【颜色平衡】效果，并将其拖曳到【时间轴】面板中的01.jpg图层上，如图5-178所示。

图 5-178

（5）在【时间轴】面板中单击打开01.jpg图层下的【效果】，设置【颜色平衡】下的【阴影绿色平衡】为7.0，【阴影蓝色平衡】为24.0，【中间调红色平衡】为2.0，【中间调绿色平衡】为23.0，【中间调蓝色平衡】为-3.0，【高光红色平衡】为3.0，【高光绿色平衡】为6.0，【高光蓝色平衡】为14.0，如图5-179所示。

图 5-179

（6）此时画面效果如图5-180所示。

图 5-180

（7）在【效果和预设】面板中搜索【发光】效果，并将其拖曳到【时间轴】面板中的01.jpg图层上，如图5-181所示。

图 5-181

（8）在【时间轴】面板中单击打开01.jpg图层下的【效果】，设置【发光】下的【发光阈值】为98.0%，【发光半径】为238.0，【发光强度】为0.2，【发光颜色】为A和B颜色，【颜色B】为橙色，如图5-182所示。

图 5-182

（9）此时画面效果如图5-183所示。

图 5-183

（10）在【效果和预设】面板中搜索【曲线】效果，并将其拖曳到【时间轴】面板中的01.jpg图层上，如图5-184所示。

图 5-184

（11）在【时间轴】面板中选中素材01.jpg图层，在【效果控件】面板中设置【曲线】的【通道】为红色，然后调整曲线形状，如图5-185所示。

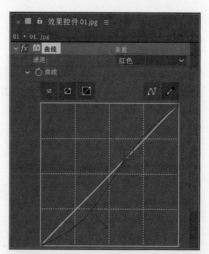

图 5-185

（12）此时画面效果如图5-186所示。

图 5-186

（13）设置【通道】为绿色，然后调整曲线形状，如图5-187所示。

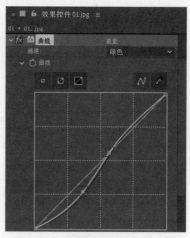

图 5-187

（14）此时画面效果如图5-188所示。

图 5-188

（15）设置【通道】为蓝色，然后调整曲线形状，如图5-189所示。

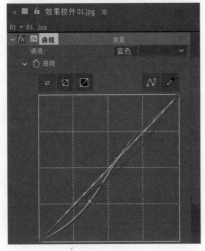

图 5-189

（16）案例最终效果如图5-190所示。

图 5-190

5.9 扩展练习：阳光下的向日葵

文件路径：资源包\案例文件\第5章
视频调色\扩展练习：阳光下的向日葵

本案例主要学习使用效果滤镜打造阳光

感画面效果。案例效果如图5-191所示。

图 5-191

5.9.1 项目诉求

本案例是以"阳光"为主题的短视频项目。阳光常常给人温暖、柔和的感觉。本案例要求画面体现温暖、阳光的感觉。

5.9.2 设计思路

本案例以阳光为基本设计思路，选择向日葵侧面图片作为画面主图，同时将阳光打在向日葵上，使画面增加了温暖和动感，并且制作文字，增加画面信息且使画面更加丰富。

5.9.3 配色方案

主色：以铬黄色作为画面的主色，如图5-192所示。铬黄色给人鲜活、活力、阳光的感觉，同时使画面层次分明。

图 5-192

辅助色：本案例采用棕色、爱丽丝蓝色作为辅助色，如图5-193所示。棕色给人稳重、柔和的感觉，同时棕色是大自然中大地的颜色，为画面增加了质感，使画面更加饱满。爱丽丝蓝色作为画面中天空的颜色，给人清透、悠远之感。

图 5-193

5.9.4 项目实战

操作步骤:

1. 调整背景色调

(1)在【项目】面板中单击鼠标右键,在弹出的快捷菜单中执行【新建合成】命令,在打开的【合成设置】对话框中设置【预设】为自定义,【宽度】为1024px,【高度】为680px,【帧速率】为25,【持续时间】为5秒01帧,如图5-194所示。

图 5-194

(2)执行【文件】→【导入】→【文件】命令或按组合键Ctrl+I,在打开的【导入文件】对话框中导入素材。接下来在【项目】面板中将素材背景.jpg拖曳到【时间轴】面板中,如图5-195所示。

图 5-195

(3)在【效果和预设】面板中搜索【色相/饱和度】效果,并将其拖曳到【时间轴】面板中的背景.jpg图层上,如图5-196所示。

图 5-196

(4)在【时间轴】面板中选中背景.jpg图层,在【效果控件】面板中设置【色相/饱和度】下的【主色相】为0x+2.0°,【主饱和度】为33,如图5-197所示。

图 5-197

(5)此时画面效果如图5-198所示。

图 5-198

(6)在【效果和预设】面板中搜索【颜色平衡】效果,并将其拖曳到【时间轴】面板中的背景.jpg图层上,如图5-199所示。

图 5-199

(7)在【时间轴】面板中,单击打开背景.jpg图层下的【效果】,设置【颜色平衡】下的【阴影红色平衡】为20.0,【中间调红色平衡】为70.0,【中间调绿色平衡】为15.0,如图5-200所示。

图 5-200

第 5 章 视频调色

103

（8）此时画面效果如图5-201所示。

图 5-201

（9）在【效果和预设】面板中搜索【镜头光晕】效果，并将其拖曳到【时间轴】面板中的背景.jpg图层上，如图5-202所示。

图 5-202

（10）在【时间轴】面板中单击背景.jpg素材图层，在【效果控件】面板中展开【镜头光晕】，设置【光晕中心】为（21.5,27.2），【光晕亮度】为130%，【镜头类型】为105毫米定焦，如图5-203所示。

图 5-203

（11）此时画面效果如图5-204所示。

图 5-204

2. 为画面制作点缀效果

（1）在【工具】面板中单击■（矩形工具）按钮后，在画面中按住鼠标左键并拖动鼠标，得到矩形形状，如图5-205所示。

图 5-205

（2）单击打开该图层的【变换】，设置【不透明度】为31%，如图5-206所示。

图 5-206

（3）此时画面效果如图5-207所示。

图 5-207

（4）编辑文字信息。在【时间轴】面板中的空白位置上单击鼠标右键，在弹出的快捷菜单中选择【新建】→【文本】命令，如图5-208所示。

图 5-208

（5）输入文本，然后在【文字属性】面板中设置合适的【字体】，设置【填充颜色】为黄色，【描边颜色】为白色，【字体大小】为160像素，【描边宽度】为5像素，如图5-209所示。

图 5-209

（6）在【时间轴】面板中单击打开文本图层下的【变换】，设置【位置】为（321.8,311.8），如图5-210所示。

图 5-210

（7）案例最终效果如图5-211所示。

图 5-211

5.10 课后习题

一、选择题

1. 以下哪个效果不属于【颜色校正】组中的效果？（　　）
   A. 三色调
   B. 照片滤镜
   C. Lumetri颜色
   D. 四色渐变

2. 下面哪种调色效果不可以单独调整R、G、B通道的色调效果？（　　）
   A. 色相/饱和度
   B. 色调均化
   C. Lumetri颜色
   D. 曲线

二、填空题

1. _____效果可以对图像的明暗、色调、色相、曲线、色轮等进行调整，它是最强大的调色效果之一。

2. _____效果可以将素材中的颜色转换为单色颜色。

三、判断题

1. 【颜色平衡】和【颜色平衡（HLS）】都可以调整画面的饱和度。
   （　　）

2. 可以为同一个素材添加多种调色效果，并进行调色。
   （　　）

课后实战

● 调出电影感色调

作业要求：应用一个或多个调色效果，将任意风景视频或照片调色为电影感色调。参考效果如图5-212所示。

图 5-212

第6章

为视频添加文字

文字是记录语言的工具，它在设计作品中可以快速、直观地表达作品信息以及美化画面。After Effects 2022 具有强大的文本创建与编辑功能，并允许为文本添加动画效果。本章主要学习文本的创建、文本的基本操作，以及为文本添加动画预设效果。

本章要点

📑 知识要点

❖ 文字工具
❖ 文字的创建与编辑
❖ 文本动画预设
❖ 文字的应用

6.1 文字工具

在After Effects 2022中，文字工具包括【横排文字工具】和【直排文字工具】，如图6-1所示。

图6-1

6.2 文字的创建

可以使用【工具】面板中的文字工具创建横排文字和直排文字，还可以使用文字工具创建段落文字。在【时间轴】面板中也可以通过创建文本图层来创建文字。

6.2.1 文字工具创建文本

在After Effects中，可以使用文字工具在【合成】面板中创建横排文字和直排文字。

1. 横排文字

在【工具】面板中单击 T（横排文字工具）按钮，接着在【合成】面板中输入文本，如图6-2所示。

图6-2

2. 直排文字

在【工具】面板中长按 T（横排文字工具）按钮，在弹出的子菜单中单击 T（直排文字工具），如图6-3所示。

图6-3

在【合成】面板中的合适位置单击插入光标，如图6-4所示。

图6-4

接着在【合成】面板中输入文本，如图6-5所示。

图6-5

6.2.2 段落文本

在【工具】面板中单击 T（横排文字工具）按钮，在【合成】面板中按住鼠标左键拖曳鼠标绘制一个文本框，如图6-6所示。

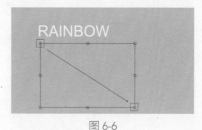

图6-6

在文本框内输入段落文本，如图6-7所示。

图6-7

6.2.3 【时间轴】面板创建文本

在【时间轴】面板的空白位置单击鼠标右键，在弹出的快捷菜单中执行【新建】→【文本】命令，如图6-8所示。

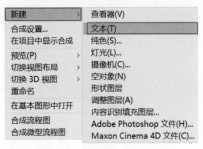

图 6-8

此时在【合成】面板的中心位置创建一个光标，如图6-9所示。

图 6-9

在【合成】面板中输入文本，如图6-10所示。

图 6-10

6.3 文字的编辑

在After Effects 2022中，可以调整【字符】面板和【段落】面板中的参数来调整文本的属性和对齐方式，还可以使用合适的工具绘制路径来创建路径文本。

6.3.1 【字符】面板

在【字符】面板中可以设置文本的样式、大小、填充等，如图6-11所示。

图 6-11

在【时间轴】面板中选中文字图层，在【字符】面板中设置合适的字体、字号和填充颜色等参数，如图6-12所示。

图 6-12

文本设置参数前后的对比效果如图6-13所示。

图 6-13

6.3.2 【段落】面板

在【段落】面板中可以设置段落文本的

对齐方式和段落缩进，如图6-14所示。

图 6-14

在【时间轴】面板中选中文字图层，接着在【段落】面板中设置合适的对齐方式，设置对齐方式前后的对比效果如图6-15所示。

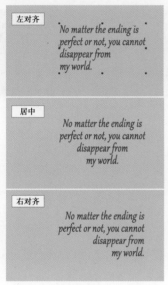

图 6-15

6.3.3 路径文本

路径文本是文本沿着设置好的路径进行排列和运动。

在【工具】面板中单击▮▮（横排文字工具）按钮，接着在【合成】面板中输入文本，如图6-16所示。

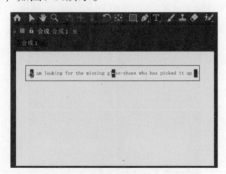

图 6-16

在【时间轴】面板中选中文本图层，接着单击【工具】面板中的▮（钢笔工具）按钮，在【合成】面板中绘制一条路径，如图6-17所示。

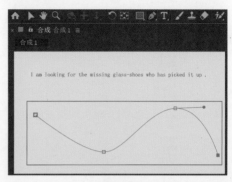

图 6-17

在【时间轴】面板中展开【图层1】→【文本】→【路径选项】，设置【路径】为蒙版1，如图6-18所示。

图 6-18

此时【合成】面板中的文本如图6-19所示。

图 6-19

6.3.4 图层样式

在【时间轴】面板中的文字图层上单击鼠标右键，在弹出的快捷菜单中执行【图层样式】命令，在子菜单中可选择为文字添加投影、内阴影、外发光、内发光、斜面和浮雕、光泽、颜色叠加、渐变叠加、描边图层样式，如图6-20所示。

图 6-20

6.4 文本动画预设

After Effects 2022中有几十种动画预设可以直接应用到文本上。在【效果和预设】面板中执行【动画预设】→【Text】下的相应命令即可添加动画预设，如图6-21所示。

图 6-21

为文字添加动画时，可以在【效果和预设】面板中展开效果组找到该效果，然后拖曳到该文本图层上，如图6-22所示。

图 6-22

此外，还可以在【效果和预设】面板中搜索效果，然后将该效果拖曳到该文本图层上，如图6-23所示。

图 6-23

此时文本动画效果如图6-24所示。

图 6-24

6.5 实操：颁奖典礼片头文字

文件路径：资源包\案例文件\第6章
为视频添加文字\实操：颁奖典礼片头
文字

本案例学习使用纯色图层创建背景及蒙版，然后创建文本并添加文字动画效果，最后添加光晕效果。案例效果如图6-25所示。

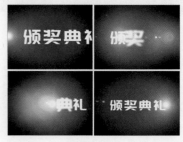

图 6-25

6.5.1 项目诉求

本案例是以"典礼片头"为主题的短视频宣传项目。普遍来说，典礼时常常出现文字来强调主题。本案例要求制作颁奖典礼的片头，使画面更具有张力。

6.5.2 设计思路

本案例以文字放大为基本设计思路，选择蓝色为画面背景，同时为画面制作灯光的效果使画面更聚集，突出画面重点，然后制作文字移动与放大模糊效果，使画面更具动感与节奏感。

6.5.3 配色方案

主色：以蔚蓝色作为画面的主色，如图6-26所示。蔚蓝色给人理智、科技的感觉，纯色的背景使画面更加整洁，同时使画面中的其他元素更加突出。

图 6-26

辅助色：本案例采用黑色与白色作为辅助色，如图6-27所示。黑色给人沉稳的感觉，它作为画面中四角的颜色，让画面中心更加突出。白色给人干净、简单的感觉，使画面更加富有层次感。

图 6-27

6.5.4 版面构图

本案例采用中轴型的构图方式（见图6-28），将文字作为画面的主体，画面内容清晰地表达出来，通过文字移动使画面更具有张力。

图 6-28

6.5.5 项目实战

（1）在【项目】面板中单击鼠标右键，在弹出的快捷菜单中执行【新建合成】命令，在打开的【合成设置】对话框中设置【合成名称】为合成1，【预设】为NTSC DV，【持续时间】为4秒，如图6-29所示。

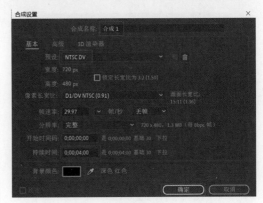

图 6-29

（2）在【时间轴】面板的空白位置单击鼠标右键，在弹出的快捷菜单中执行【新建】→【纯色】命令，如图6-30所示。

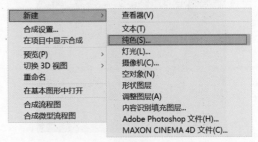

图 6-30

（3）在打开的【纯色设置】对话框中设置【名称】为背景，【颜色】为蓝色，如图6-31所示。

图 6-31

（4）此时【合成】面板中的画面效果如图6-32所示。

图 6-32

（5）使用同样的方法创建一个纯色图层，并设置【名称】为蒙版，【颜色】为黑色，此时【合成】面板中的画面效果如图6-33所示。

图 6-33

（6）在【时间轴】面板中选中蒙版图层，在【工具】面板中单击◯（椭圆工具）按钮，然后在【合成】面板的合适位置按住鼠标左键并拖曳鼠标绘制一个椭圆，如图6-34所示。

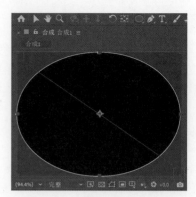

图 6-34

（7）在【时间轴】面板中展开【蒙版】→【蒙版1】，设置【蒙版羽化】为（150.0,150.0），并勾选【反转】复选框。接着展开【变换】，设置【位置】为（360.0,238.8），如图6-35所示。

图 6-35

（8）此时【合成】面板中的画面效果如图6-36所示。

图 6-36

（9）在【字符】面板中设置合适的字体样式和颜色，设置【字体大小】为125像素，【字符间距】为125，如图6-37所示。

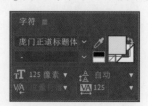

图 6-37

（10）在【时间轴】面板的空白位置单击鼠标右键，在弹出的快捷菜单中执行【新建】→【文本】命令，如图6-38所示。

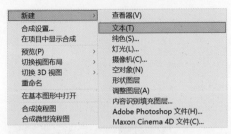

图 6-38

（11）输入文字，此时【合成】面板中的文本效果如图6-39所示。

图 6-39

（12）在【时间轴】面板中展开【图层1】→【文本】，单击文本右边的◎（动画）按钮，在弹出的菜单中分别选择【缩放】、【不透明度】、【模糊】命令，如图6-40所示。

图 6-40

（13）在【时间轴】面板中展开【图层1】→【文本】→【更多选项】，设置【锚点分组】为行，【分组对齐】为（0.0，-50.0%）；接着展开【动画制作工具1】→【范围选择器1】，将时间线拖动到起始位置，单击【偏移】左边的◎（时间变化秒表）按

钮，设置【偏移】为100%，设置【缩放】为（400.0，400.0%），【不透明度】为20%，【模糊】为（250.0，250.0），如图6-41所示。将时间线拖动到结束位置，设置【偏移】为-100%。

图 6-41

（14）展开【变换】，设置【位置】为（130.5，292.4），将时间线拖动到起始位置，单击【缩放】左边的◎（时间变化秒表）按钮，设置【缩放】为（120.0，120.0%）；将时间线拖动到结束位置，设置【缩放】为（85.0，85.0%），【模式】为相加，如图6-42所示。

图 6-42

（15）拖动时间线，文本图层画面如图6-43所示。

图 6-43

（16）继续新建一个黑色纯色图层，命名为【光晕】。在【效果和预设】面板中搜索【镜头光晕】效果，并将其拖动到【时间轴】面板中的图层1上，如图6-44所示。

图 6-44

（17）在【时间轴】面板中展开【光晕图层】→【效果】→【镜头光晕】，将时间线拖动到起始位置，单击【光晕中心】左边的 ⏱ （时间变化秒表）按钮，设置【光晕中心】为（7.0,232.2），【镜头类型】为105毫米定焦，光晕图层的【模式】为相加，如图6-45所示。将时间线拖动到结束位置，设置【光晕中心】为（603.1,251.1）。

图 6-45

（18）至此，本案例制作完成，拖动时间线，画面效果如图6-46所示。

图 6-46

6.6 扩展练习：彩色流动文字

文件路径：资源包\案例文件\第6章 为视频添加文字\扩展练习：彩色流动文字

本案例学习使用湍流置换、高斯模糊、CC Particle World、CC Vector Blur等效果制作彩色文字流动效果。案例效果如图6-47所示。

图 6-47

6.6.1 项目诉求

本案例是以"民族精神"为主题的短视频宣传项目。本案例要求制作创新视频来弘扬民族精神。

6.6.2 设计思路

本案例以文字流动为基本设计思路，选择黑色为画面背景，制作多彩的文字背景，输入文字并制作文字流动效果，使画面更具动感。

6.6.3 配色方案

主色：以黑色作为画面的主色，如图6-48所示。黑色给人简约的感觉，纯黑色的背景使画面更易突出其他元素，也将画面整体的色调与质感推向极致，使画面更加稳重。

图 6-48

辅助色：本案例采用山茶红色、矢车菊蓝色、白色作为辅助色，如图6-49所示。山茶红色给人热血、兴奋的感觉，像熊熊燃烧的火焰让人感到炙热。矢车菊蓝色给人科技、理智的感觉。两种颜色为对比色，为画面增加视觉冲力与吸引力，也象征着历史与科技相互融合。白色使文字更加突出，也使画面中的颜色更加和谐。

After Effects 2022 影视后期制作案例教程（全彩慕课版）

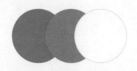

图 6-49

6.6.4 版面构图

本案例采用中轴型的构图方式（见图6-50），将流动文字作为画面的主体放在画面中间，文字在清晰表达画面内容时，通过不断地流动也为画面赋予了动感。

图 6-50

6.6.5 项目实战

（1）在【项目】面板中单击鼠标右键，在弹出的快捷菜单中执行【新建合成】命令，在打开的【合成设置】对话框中设置文件名为【合成1】，【预设】为NTSC DV，【持续时间】为12秒，如图6-51所示。

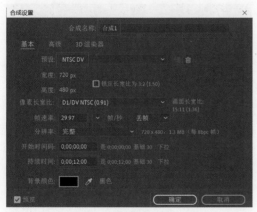

图 6-51

（2）在【时间轴】面板的空白位置单击鼠标右键，在弹出的快捷菜单中执行【新建】→【纯色】命令，如图6-52所示。

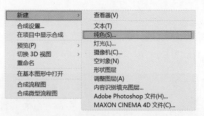

图 6-52

（3）在打开的【纯色设置】对话框中设置【名称】为黑色 纯色1，【颜色】为黑色，如图6-53所示。

图 6-53

（4）在【字符】面板中设置合适的字体样式和颜色，设置【字体大小】为45，如图6-54所示。

图 6-54

（5）在【时间轴】面板的空白位置单击鼠标右键，在弹出的快捷菜单中执行【新建】→【文本】命令，接着在【合成】面板中输入文本，如图6-55所示。

图 6-55

（6）在【效果和预设】面板中搜索【湍流置换】效果，并将其拖曳到【时间轴】面板中的图层1上，如图6-56所示。

图 6-56

（7）在【时间轴】面板中展开【文本图层】→【变换】，将时间线拖动到起始位置，单击【位置】左边的 █（时间变化秒表）按钮，设置【位置】为（727.5,209.3），如图6-57所示。将时间线拖动到9秒29帧位置，设置【位置】为（-128.6,206.7）。

图 6-57

（8）拖动时间线，文本效果如图6-58所示。

图 6-58

（9）在【时间轴】面板中选中图层1，使用组合键Ctrl+D进行重复操作，并将图层2拖曳到图层1的下方，如图6-59所示。

图 6-59

（10）在【效果和预设】面板中搜索【高斯模糊】效果，并将其拖曳到【时间轴】面板中的图层2上，在【时间轴】面板中展开【图层2】→【效果】→【高斯模糊】，设置【模糊度】为15.0，如图6-60所示。

图 6-60

（11）将时间线拖动到合适位置，此时文本效果如图6-61所示。

图 6-61

（12）使用同样的方法制作其他文字，拖动时间线，画面效果如图6-62所示。

图 6-62

（13）在【时间轴】面板的空白位置单击鼠标右键，在弹出的快捷菜单中执行【新建】→【纯色】命令，在打开的【纯色设置】对话框中设置【名称】为黑色 纯色2，【颜色】为黑色，如图6-63所示。

图 6-63

（14）在【效果和预设】面板中搜索【CC Particle World】效果，并将其拖曳到【时间轴】面板中的图层1上，如图6-64所示。

图 6-64

（15）在【时间轴】面板中展开【图层1】→【效果】→【CC Particle World】，设置【Birth Rate】为0.1，Longevity（sec）为8.87；接着展开【Producer】，设置【Position X】为-0.43，【Position Z】为0.12，【Radius Y】为0.070，【Radius Z】为0.315，如图6-65所示。

图 6-65

（16）展开【Physics】，设置【Animation】为Direction Axis，在按住Alt键的同时单击【Velocity】左边的 按钮，在新出现的属性中添加表达式wiggle(7,0.25)，设置

【Gravity】为0.000，【Extra】为-0.21；展开【Particle】，设置【Particle Type】为Lens Convex，【Birth Size】为0.025，【Death Size】为0.025，如图6-66所示。

图 6-66

（17）展开【变换】，设置【位置】为（432.0,243.0），如图6-67所示。

图 6-67

（18）在【时间轴】面板中隐藏图层1下方的所有图层，此时画面效果如图6-68所示。

图 6-68

（19）在【时间轴】面板的空白位置单击鼠标右键，在弹出的快捷菜单中执行【新建】→【纯色】命令，在打开的【纯色设置】对话框中设置【名称】为黑色 纯色3，【颜色】为黑色，如图6-69所示。

图 6-69

（20）在【效果和预设】面板中搜索【CC Particle World】效果，并将其拖曳到【时间轴】面板的图层 1 上，如图6-70所示。

图 6-70

（21）在【时间轴】面板中展开【图层 1】→【效果】→【CC Particle World】，设置 Longevity（sec）为1.00；展开【Producer】，设置【Position X】为-0.43，【Position Z】为0.12，【Radius Y】为0.120，【Radius Z】为0.315；展开【Physics】，设置【Animation】为Direction Axis，在按住Alt键的同时单击【Velocity】左边的■按钮，在新出现的属性中添加表达式wiggle(7,0.25)，设置【Gravity】为0.000，【Extra】为-0.21；展开【Particle】，设置【Particle Type】为Lens Convex，如图6-71所示。

图 6-71

（22）在【效果和预设】面板中搜索【高斯模糊】和【CC Vector Blur】效果，并将

其拖曳到【时间轴】面板的图层 1 上。在【时间轴】面板中展开【图层1】→【效果】→【高斯模糊】，设置【模糊度】为45.0；展开【CC Vector Blur】，设置【Amount】为91.0，【Property】为Alpha；最后展开【变换】，设置【位置】为（432.0,243.0），如图6-72所示。

图 6-72

（23）将时间线拖动到合适位置，画面效果如图6-73所示。

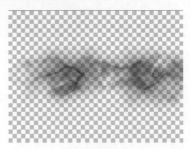

图 6-73

（24）在【时间轴】面板的空白位置单击鼠标右键，在弹出的快捷菜单中执行【新建】→【纯色】命令，在打开的【纯色设置】对话框中设置【名称】为黑色 纯色4，【颜色】为黑色，如图6-74所示。

图 6-74

After Effects 2022 影视后期制作案例教程（全彩慕课版）

（25）在【效果和预设】面板中搜索【CC Particle World】效果，并将其拖曳到【时间轴】面板中的图层1上，如图6-75所示。

图 6-75

（26）在【时间轴】面板中展开【图层1】→【效果】→【CC Particle World】，设置Longevity（sec）为1.00；接着展开【Producer】，设置【Position X】为-0.43，【Position Z】为0.12，【Radius Y】为0.010，【Radius Z】为0.315；接着展开【Physics】，设置【Animation】为Direction Axis，在按住Alt键的同时单击【Velocity】左边的 按钮，在新出现的属性中添加表达式wiggle(7,0.25)，设置【Gravity】为0.000，【Extra】为-0.21；展开【Particle】，设置【Particle Type】为Lens Convex，如图6-76所示。

图 6-76

（27）在【效果和预设】面板中搜索【高斯模糊】和【CC Vector Blur】效果，并将其拖曳到【时间轴】面板中的图层1上。在【时间轴】面板中展开【图层1】→【效果】→【高斯模糊】，设置【模糊度】为22.0；展开【CC Vector Blur】，设置【Amount】为23.0，【Property】为Alpha；最后展开【变换】，设置【位置】为（432.0,243.0），如图6-77所示。

图 6-77

（28）在【时间轴】面板的空白位置单击鼠标右键，在弹出的快捷菜单中执行【新建】→【摄像机】命令，如图6-78所示。

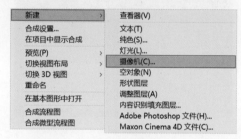

图 6-78

（29）在打开的【摄像机设置】对话框中单击【确定】按钮。接着在【时间轴】面板中展开【图层 1】→【变换】，设置【目标点】为（486.9,251.6,97.6），【位置】为（585.2,155.2,-560.1）；展开【摄像机选项】，设置【缩放】为672.0像素（51.9°H），【焦距】为1600.0像素，【光圈】为14.2像素，如图6-79所示。

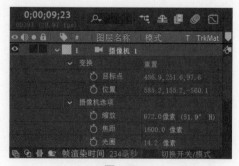

图 6-79

（30）在【时间轴】面板中选中图层1～图层4，单击鼠标右键，在弹出的快捷菜单中执行【预合成】命令，如图6-80所示。

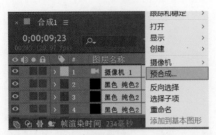

图 6-80

（31）在打开的【预合成】对话框中设置【新合成名称】为流光，如图6-81所示。

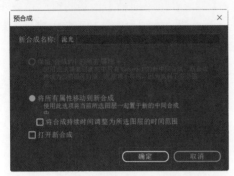

图 6-81

（32）展开【预合成】→【变换】，设置【位置】为（432.0,243.0），如图6-82所示。

图 6-82

（33）拖动时间线，流光效果如图6-83所示。

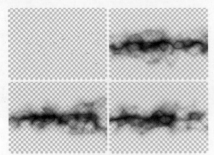

图 6-83

（34）在【时间轴】面板中选中【流光】，单击鼠标右键，在弹出的快捷菜单中执行【预合成】命令，如图6-84所示。

图 6-84

（35）在打开的【预合成】对话框中设置【新合成名称】为合成2，如图6-85所示。

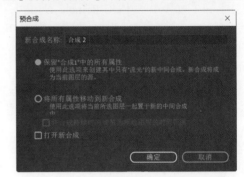

图 6-85

（36）在【效果和预设】面板中搜索【反转】效果，并将其拖曳到【时间轴】面板中的图层 1 上，如图6-86所示。

图 6-86

（37）在【时间轴】面板中选中合成2图层，在【工具】面板中选择椭圆工具，然后在【合成】面板的合适位置按住鼠标右键并拖曳鼠标绘制一个椭圆，如图6-87所示。

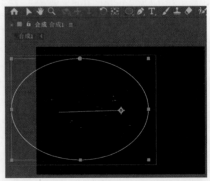

图 6-87

（38）在【时间轴】面板中展开【图层1】→【蒙版】→【蒙版1】，设置【蒙版羽化】为（100.0,100.0），接着展开【变换】，将时间线拖动到起始位置，单击【位置】左边的⏱（时间变化秒表）按钮，设置【位置】为（1121.1,243.0），如图6-88所示。将时间线拖动到9秒05帧位置，设置【位置】为（37.8,246.8），【模式】为变亮。

图6-88

（39）拖动时间线，画面效果如图6-89所示。

图6-89

（40）在【时间轴】面板的空白位置单击鼠标右键，在弹出的快捷菜单中执行【新建】→【纯色】命令，在打开的【纯色设置】对话框中设置【名称】为彩色，【颜色】为黑色，如图6-90所示。

图6-90

（41）在【效果和预设】面板中搜索【梯度渐变】效果，并将其拖曳到【时间轴】面板中的图层1上，接着展开【图层1】→【效果】→【梯度渐变】，设置【渐变起点】为（361.4,222.7），【起始颜色】为红色，【结束颜色】为蓝色，【渐变形状】为径向渐变，【模式】为颜色，如图6-91所示。

图6-91

（42）至此，本案例制作完成，拖动时间线，画面效果如图6-92所示。

图6-92

6.7 课后习题

一、选择题

1. 使用横排文字工具时，配合以下哪种操作方式可以创建段落文字？（　　）

    A. 拖曳　　　　B. 单击

    C. 双击　　　　D. 右键

2. 以下哪种不是文字的图层样式？（　　）

    A. 投影　　　　B. 外发光

    C. 描边　　　　D. 混合

二、填空题

1. 使用文字工具创建完成文字后，可以在_____面板中修改文字的颜色、文字大小、字体系列等。

2. 为文字添加动画预设，只需要在【效果和预设】面板中执行【动画预设】→_____命令并选择适合的文字预设即可添加。

三、判断题

1. 在After Effects 中，可以创建横排文字、直排文字、路径文字、段落文字。　　　（　　）

2. 使用路径文字时，需要先选中文本图层，然后单击【工具】面板中的（钢笔工具）按钮，接着在【合成】面板中绘制路径。　　　（　　）

 课后实战

● 添加文字

作业要求：应用【旧版标题】或【文字工具】为任意视频或图片添加文字，使画面完整。参考效果如图6-93所示。

图 6-93

第7章

蒙版和抠像

"蒙版"原本是摄影术语，它是指用于控制照片不同区域曝光的传统暗房技术。在 After Effects 2022 中，蒙版主要用于画面的修饰与"合成"。可以使用蒙版实现对图层部分元素的"隐藏"操作，从而只显示蒙版以内的图形画面，这一步是创意合成中非常重要的步骤。本章主要讲解蒙版的绘制方式、调整方法及使用效果等相关内容。

本章要点

⭐ 知识要点

❖ 认识蒙版
❖ 蒙版工具
❖ 轨道遮罩
❖ 认识抠像
❖ 蒙版和抠像的应用

7.1 蒙版概述

为了得到特殊的视觉效果，可以使用绘制蒙版的工具在原始图层上绘制一个"视觉窗口"，使画面只显示需要显示的区域，隐藏其他区域。蒙版在后期制作中是一个很重要的操作工具，常用于合成图像或制作特殊效果等。

蒙版只能创建在图层上，作为图层的属性存在。实际应用中，可以使用形状工具和钢笔工具绘制蒙版，以期通过蒙版显示素材的部分区域。添加蒙版前后的对比效果如图7-1所示。

图7-1

在After Effects中，绘制蒙版的工具有很多，包括【形状工具组】■、【钢笔工具组】✐、【画笔工具】✐及【橡皮擦工具】◆，如图7-2所示。

图7-2

7.2 形状工具组

形状工具组包括【矩形工具】■、【圆角矩形工具】■、【椭圆工具】■、【多边形工具】■和【星形工具】★，如图7-3所示。

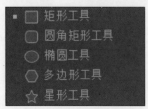

图7-3

7.2.1 矩形工具

使用【矩形工具】可以绘制正方形、长方形蒙版。选中素材，在【工具】面板中单击【矩形工具】，在【合成】面板中图像的合适位置按住鼠标左键并拖曳鼠标绘制矩形至合适大小，如图7-4所示。（注意：在按住Shift键的同时，拖曳鼠标可得到正方形蒙版。）

图7-4

1.绘制多个蒙版

选中素材，继续使用【矩形工具】，多次在【合成】面板中图像的合适位置绘制合适大小的矩形，如图7-5所示。

图7-5

2.调整蒙版形状

在【时间轴】面板中选择【蒙版1】，然后单击【工具】面板中的▶（选取工具）按钮，将鼠标指针定位在【合成】面板中的透明区域，并单击鼠标左键，然后按住Ctrl键，将鼠标指针定位在蒙版一角的顶点上，将顶点拖曳至合适位置，即可改变蒙版形状，如图7-6所示。

After Effects 2022 影视后期制作案例教程（全彩慕课版）

图 7-6

3. 移动蒙版位置

在【时间轴】面板中选择【蒙版1】，然后单击【工具】面板中的▷（选取工具）按钮，将鼠标指针定位在蒙版一角的顶点上，将顶点拖曳至合适位置，即可改变蒙版位置，如图7-7所示。

图 7-7

4. 设置蒙版相关属性

为图像绘制蒙版后，在【时间轴】面板中单击打开素材图层下方的【蒙版】→【蒙版1】，可设置相关参数，调整蒙版效果。此时【时间轴】面板的参数如图7-8所示。

图 7-8

模式：当图像有多个蒙版时，可设置不同的模式。

反转：勾选该复选框可反转蒙版效果。

蒙版路径：单击【蒙版路径】下的【形状】，在【蒙版形状】对话框中可设置蒙版形状。

蒙版羽化：设置蒙版边缘的柔和度。

蒙版不透明度：蒙版的透明程度。

蒙版扩展：可扩展蒙版面积。

7.2.2 圆角矩形工具

使用【圆角矩形工具】可以绘制圆角矩形蒙版，如图7-9所示。

图 7-9

7.2.3 椭圆工具

使用【椭圆工具】可绘制椭圆形蒙版、圆形蒙版。按住鼠标左键并拖曳鼠标绘制椭圆至合适大小，得到椭圆形蒙版；或同时按住Shift键绘制圆形蒙版，如图7-10所示。

图 7-10

7.2.4 多边形工具

使用【多边形工具】可创建多边形蒙版，如图7-11所示。

图 7-11

7.2.5 星形工具

使用【星形工具】可绘制星形蒙版，如图7-12所示。

图 7-12

7.3 钢笔工具组

使用【钢笔工具组】可以绘制任意形状蒙版。其包括的工具有【钢笔工具】、【添加"顶点"工具】、【删除"顶点"工具】、【转换"顶点"工具】和【蒙版羽化工具】，如图7-13所示。

图 7-13

7.3.1 钢笔工具

【钢笔工具】可以用来绘制任意形状蒙版。选中素材，在【工具】面板中选择【钢笔工具】，在【合成】面板中图像的合适位置依次单击鼠标左键定位蒙版顶点，当顶点首尾相连时完成蒙版绘制，得到蒙版形状，如图7-14所示。

图 7-14

7.3.2 添加"顶点"工具

使用【添加"顶点"工具】可以为蒙版路径添加控制点，以便更加精细地调整蒙版

形状。选中素材，在【工具】面板中将鼠标指针定位在【钢笔工具】上，长按鼠标左键，在【钢笔工具组】中选择【添加"顶点"工具】，如图7-15所示。然后将鼠标指针定位在画面中蒙版路径的合适位置，当鼠标指针变为【添加"顶点"工具】的形状时，单击鼠标左键在此处添加顶点，然后拖动顶点可修改路径形状，如图7-16所示。

图 7-15

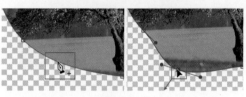

图 7-16

7.3.3 删除"顶点"工具

使用【删除"顶点"工具】可以为蒙版路径减少控制点。选中素材，在工具面板中将鼠标指针定位在【钢笔工具】上，长按鼠标左键，在【钢笔工具组】中选择【删除"顶点"工具】，如图7-17所示。然后将鼠标指针定位在画面中蒙版路径上需要删除的顶点上，当鼠标指针变为【删除"顶点"工具】的形状时，单击鼠标左键可删除该顶点，如图7-18所示。

图 7-17

图 7-18

After Effects 2022 影视后期制作案例教程（全彩慕课版）

此外，当使用【钢笔工具】绘制蒙版时，按住Ctrl键并单击需要删除的顶点，也可完成删除顶点操作，如图7-19所示。

图 7-19

7.3.4 转换"顶点"工具

【转换"顶点"工具】可以使蒙版路径的控制点变平滑点或硬转角点。选中素材，在【工具】面板中将鼠标指针定位在【钢笔工具】上，并长按鼠标左键，在【钢笔工具组】中选择【转换"顶点"工具】，如图7-20所示。然后将鼠标指针定位在画面中蒙版路径上需要转换的顶点上，当鼠标指针变为【转换"顶点"工具】的形状时，单击鼠标左键，即可将该顶点对应的边角转换为硬转角点或平滑点，如图7-21所示。

图 7-20

图 7-21

使用【钢笔工具】绘制蒙版完成后，也可将鼠标指针定位在蒙版路径上需要转换的顶点上，在按住Alt键的同时，单击该顶点，该顶点转换为硬转角点，如图7-22所示。

除此之外，还可将硬转角点变为平滑点。只需在按住Alt键的同时，单击并拖曳硬转角点即可将其变为平滑点，如图7-23所示。

图 7-22

图 7-23

7.3.5 蒙版羽化工具

【蒙版羽化工具】可以调整蒙版边缘的柔和程度。在素材上绘制好蒙版后，选中素材下的【蒙版】→【蒙版1】，在【工具】面板中将鼠标指针定位在【钢笔工具】上，并长按鼠标左键，在【钢笔工具组】中选择【蒙版羽化工具】，如图7-24所示。然后在【合成】面板中将鼠标指针移动到蒙版路径位置，当鼠标指针变为【蒙版羽化工具】的形状时，按住鼠标左键并拖曳鼠标即可柔化当前蒙版。图7-25所示为使用该工具前后的对比效果。

图 7-24

图 7-25

7.4 画笔工具和橡皮擦工具

使用【画笔工具】✎和【橡皮擦工具】◆可以为图像绘制更自由的蒙版效果。需要注意的是，使用这两种工具绘制完成以后，要再次单击进入【合成】面板才能看到最终效果。

7.4.1 画笔工具

使用【画笔工具】时，可以选择多种颜色的画笔对图像进行涂抹。创建蒙版时，选中素材，双击打开该图层进入【图层】面板，在【工具】面板中单击【画笔工具】，在画面上按住鼠标左键并拖曳鼠标，即可绘制任意颜色、样式的蒙版，如图7-26所示。

图 7-26

1.【画笔】面板

在绘制蒙版前，可以在菜单栏中执行【窗口】→【画笔】命令，在【画笔】面板中设置画笔的相关属性，如图7-27所示。

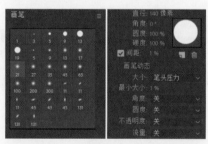

图 7-27

画笔选取器：可直接选择画笔大小及样式。

直径：设置画笔大小。

角度：设置画笔绘制角度。

圆度：设置画笔笔尖圆润程度。

硬度：设置画笔边缘柔和程度。

间距：设置画笔笔触之间的距离。

2.【绘画】面板

在【绘画】面板中可设置蒙版颜色等相关属性，如图7-28所示。

不透明度：设置画笔透明程度。

前/背景色：设置前景色与背景色，控制画笔颜色。

流量：设置画笔绘画强弱程度。

图 7-28

模式：设置绘画效果与当前图层的混合模式。

通道：设置通道属性。

持续时间：设置持续方式。

7.4.2 橡皮擦工具

（1）在【时间轴】面板中双击图层，在【工具】面板中单击◆（橡皮擦工具）按钮，在【画笔】面板中设置【直径】为800，设置完成后，在画面中心拖曳鼠标进行涂抹，如图7-29所示。

（2）绘制完成后，单击返回【合成1】面板中，画面效果如图7-30所示。

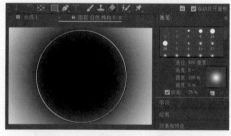

图 7-29

图 7-30

After Effects 2022 影视后期制作案例教程（全彩慕课版）

7.5 轨道遮罩

轨道遮罩是将一个图层的信息通过另一个图层的透明度来显示。作为轨道遮罩的图层称作"轨道遮罩层"，它必须位于使用轨道遮罩图层的正上方。如果多个图层使用同样的轨道遮罩，则应先将这些图层进行预合成，然后在预合成上启用轨道遮罩。

在After Effects 2022中，轨道遮罩包括Alpha遮罩和亮度遮罩，如图7-31所示。

```
● 没有轨道遮罩
  Alpha 遮罩"1"
  Alpha 反转遮罩"1"
  亮度遮罩"1"
  亮度反转遮罩"1"
```

图 7-31

7.5.1 Alpha 遮罩

Alpha遮罩是将上方图层的Alpha通道作为本图层的Alpha通道。

在【合成】面板中的合适位置创建文本"COSY"，效果如图7-32所示。

图 7-32

在【时间轴】面板中的图层 2右边设置【轨道遮罩】为Alpha，以遮罩"COSY"，如图7-33所示。

图 7-33

此时文本Alpha遮罩效果如图7-34所示。

图 7-34

7.5.2 亮度遮罩

亮度遮罩是根据上方图层中的亮度区域来决定遮罩图层的不透明度。

在【时间轴】面板中导入两张素材，效果如图7-35所示。

图 7-35

在【时间轴】面板中的图层 2右边设置【轨道遮罩】为亮度，以遮罩图层1，如图7-36所示。

图 7-36

此时图层1中素材2亮度遮罩前后的对比效果如图7-37所示。

图 7-37

7.6 认识抠像

抠像是将图像中需要删除的颜色及亮度区域变为透明。After Effects 2022中的抠像都是基于效果控件来实现的，通过抠像可以替换背景及合成画面。

在After Effects 2022中，可以使用【效果和预设】中的效果进行抠像，还可以使用Roto笔刷工具抠像，效果如图7-38所示。

图 7-38

7.6.1 使用效果抠像

在After Effects 2022中可使用软件自带的效果抠除图像中指定的颜色或亮度区域。其中包含【Keying】、【抠像】和【过时】效果组中的效果，如图7-39所示。

图 7-39

1. Keylight（1.2）

Keylight（1.2）效果可以将图像中的指定颜色及亮部区域变为透明。

在【效果和预设】面板中搜索【Keylight（1.2）】效果，接着将该效果拖曳到【时间轴】面板中的2.jpg图层上，如图7-40所示。

图 7-40

在【效果控件】面板中展开【Keylight

（1.2）】效果，单击下方Screen Colour右边的吸管图标，在【合成】面板中的绿色背景上单击，如图7-41所示。

图 7-41

画面应用该效果前后的对比效果如图7-42所示。

图 7-42

2. Advanced Spill Suppressor

Advanced Spill Suppressor效果可以将图像中指定颜色进行抑制。使用该效果前后的对比效果如图7-43所示。

图 7-43

3. CC Simple Wire Removal

CC Simple Wire Removal效果可以将图像中指定的两点之间的线段抠除。使用该效果前后的对比效果如图7-44所示。

图 7-44

4. Key Cleaner

Key Cleaner效果可以将图像中因抠像丢失的细节恢复。使用该效果前后的对比效果如图7-45所示。

图 7-45

5. 内部／外部键

【内部/外部键】效果可以在图像中创建蒙版，然后基于内部和外部路径从图像中提取对象。

导入素材，并在【合成】面板中创建几个蒙版，如图7-46所示。

图 7-46

在【时间轴】面板中展开【图层 1】→【效果】，设置合适的参数，如图7-47所示。

图 7-47

画面应用该效果前后的对比效果如图7-48所示。

图 7-48

6. 差值遮罩

【差值遮罩】效果是比较源图层和差值图层，然后抠出源图层中与差值图层中的位

置和颜色匹配的像素。应用该效果前后的对比效果如图7-49所示。

图 7-49

7. 提取

【提取】效果可以将画面中指定通道的亮度区域变为透明。应用该效果前后的对比效果如图7-50所示。

图 7-50

8. 线性颜色键

【线性颜色键】效果可以将图像中指定颜色的像素变透明，可使用RGB、色相或色度信息来创建指定主色的透明度。应用该效果前后的对比效果如图7-51所示。

图 7-51

9. 颜色范围

【颜色范围】效果可以将图像中多种颜色颜色及亮度不均的范围变为透明。

导入两张素材，画面效果如图7-52所示。

图 7-52

将【颜色范围】效果拖曳到图层1的素材2上，并在【效果控件】面板中设置合适的参数，如图7-53所示。

图 7-53

画面应用【颜色范围】效果前后的对比效果如图7-54所示。

图 7-54

10. 颜色差值键

【颜色差值键】效果可以将指定颜色范围变为透明。应用该效果前后的对比效果如图7-55所示。

图 7-55

11. 亮度键

【亮度键】效果可以将图像中指定亮度的区域变为透明。应用该效果前后的对比效果如图7-56所示。

图 7-56

12. 颜色键

【颜色键】效果可以将画面中指定的颜色通过设置合适的参数将其抠除。应用该效果前后的对比效果如图7-57所示。

图 7-57

7.6.2　使用 Roto 笔刷工具抠像

Roto笔刷工具类似于Photoshop中的快速选择工具，可自动判断对象边缘。在使用Roto笔刷工具抠图时，经常会配合使用调整边缘工具进行抠图。Roto笔刷工具和调整边缘工具只能在【图层】面板中使用。使用Roto笔刷工具抠图前后的对比效果如图7-58所示。

图 7-58

在【时间轴】面板中双击素材图层，进入【图层】面板，接着单击【工具】面板中的 （Roto笔刷工具）按钮，然后在画面中的人物上涂抹，如图7-59所示。

图 7-59

提示：在按住键盘上Ctrl键的同时，按住鼠标左键左右拖动鼠标可以调整画笔大小。

After Effects 2022　影视后期制作案例教程（全彩慕课版）

继续使用Roto笔刷工具在人物其他部分涂抹，如图7-60所示。

图 7-60

单击【合成1】回到【合成】面板，此时人物被抠出，画面效果如图7-61所示。

图 7-61

7.7 实操：利用蒙版制作文字穿越城市特效

文件路径：资源包\案例文件\第7章 蒙版和抠像\实操：利用蒙版制作文字穿越城市特效

本案例学习创建文字并使用预设效果制作文字动画与文字翻转效果。接着学习使用【蒙版】与【摄像机】制作出文字穿越城市的效果。案例效果如图7-62所示。

图 7-62

7.7.1 项目诉求

本案例是以"未来科技"为主题的短视频宣传项目。高楼大厦与幻彩灯光常常是人们对科技感都市的印象。本案例要求制作出具有城市气息，且能够表现未来科技感的短视频。

7.7.2 设计思路

本案例以科技灯光为基本设计思路，采用具有科技感的深夜城市图片作为背景，将文字内容穿插在城市背景中制作科技未来的效果，然后在湖面上制作文字的朦胧倒影效果，使画面更加真实。

7.7.3 配色方案

主色：午夜蓝，如图7-63所示，给人冷静、稳重的感觉，同时也呈现出未来科技感。

辅助色：本案例采用白色作为辅助色，如图7-64所示。白色给人纯净、透彻的感觉，同时白色更能突出画面中的灯光效果，给人较强的层次感和立体感。

图 7-63

图 7-64

7.7.4 版面构图

本案例采用中轴型的构图方式（见图7-65），以水和建筑的交界线作为中轴线，在画面上半部分创建文字并制作文字穿插效果，在下半部分的水面中制作文字的倒影，然后适当留白，以突出主体画面的科技感。

图 7-65

7.7.5 项目实战

操作步骤:

（1）执行【文件】→【导入】→【文件】命令，导入全部素材。在【项目】面板中将背景.jpg素材文件拖曳到【时间轴】面板中，在【项目】面板中自动生成与素材尺寸等大的合成。将01.jpg素材拖曳到【时间轴】面板中，如图7-66所示。

图 7-66

（2）此时【合成】面板的画面效果如图7-67所示。

图 7-67

（3）在【字符】面板中设置合适的字体样式和颜色，设置【字体大小】为700像素，【字间距】为125，【垂直缩放】为75%，如图7-68所示。

图 7-68

（4）在【时间轴】面板的空白位置单击鼠标右键，在弹出的快捷菜单中执行【新建】→【文本】命令，如图7-69所示。

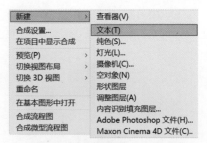

图 7-69

（5）输入合适的文字内容，此时【合成】面板中的文本效果如图7-70所示。

图 7-70

（6）在【效果和预设】面板中搜索【3D字符旋转进入】效果，将该效果拖曳到文字图层上，如图7-71所示。

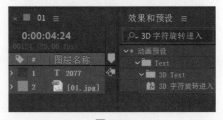

图 7-71

（7）在【时间轴】面板中选择文字图层，展开【变换】，将时间线拖动到起始位置，单击【位置】左边的 ◎（时间变化秒表）按钮，设置【位置】为（-330.2,1330.0,0.0），如图7-72所示。将时间线拖动到3秒位置，设置【位置】为（405.8,1330.0,0.0）。

图 7-72

After Effects 2022　影视后期制作案例教程（全彩慕课版）

（8）在【效果和预设】面板中搜索【发光】效果，将该效果拖曳到文字图层上，如图7-73所示。

图 7-73

（9）在【时间轴】面板中选择文字图层，展开【效果】→【发光】，设置【发光半径】为100.0，【颜色A】为蓝色，如图7-74所示。

图 7-74

（10）选择文字图层，使用组合键Ctrl+D进行复制，如图7-75所示。

图 7-75

（11）用鼠标右键单击刚刚复制的文字图层，在弹出的快捷菜单中执行【重命名】命令，如图7-76所示。

图 7-76

（12）修改图层名称为2077副本，并

将该图层拖曳到2077图层下方，如图7-77所示。

图 7-77

（13）在【效果和预设】面板中搜索【翻转】效果，将该效果拖曳到文字图层上，如图7-78所示。

图 7-78

（14）在【时间轴】面板中选择文字图层，展开【变换】，将时间线拖动到起始位置，修改【位置】为（-330.2,666.0,0.0），如图7-79所示。将时间线拖动到3秒位置，设置【位置】为（405.8,666.0,0.0）。

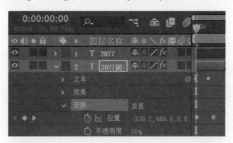

图 7-79

（15）拖动时间线，此时画面效果如图7-80所示。

图 7-80

（16）在【时间轴】面板中选择01.jpg素材文件，单击 ▥（3D图层）按钮，并使用组合键Ctrl+D进行复制，如图7-81所示。

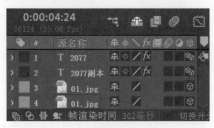

图 7-81

（17）在【时间轴】面板中将一个01.jpg素材文件移动至图层1位置，如图7-82所示。

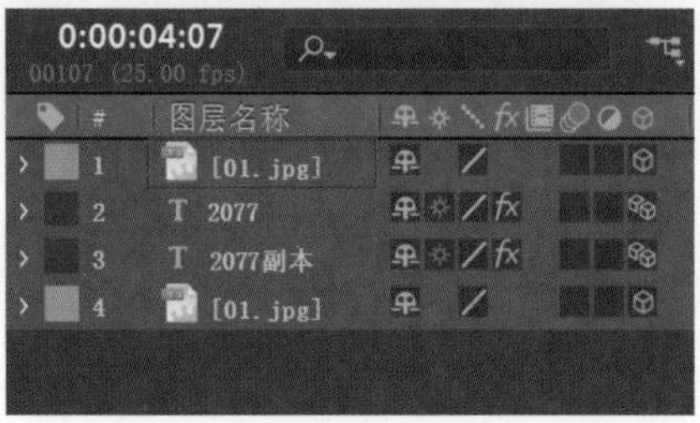

图 7-82

（18）在【时间轴】面板中选择01.jpg素材文件，接着在【工具】面板中单击 ▢（矩形工具）按钮，在【合成】面板中的合适位置绘制一个矩形蒙版，如图7-83所示。

图 7-83

（19）在【工具】面板中单击 ✎（钢笔工具）按钮，在【合成】面板中的合适位置绘制一个蒙版，如图7-84所示。

（20）使用同样的方法，在【工具】面板中单击 ✎（钢笔工具）按钮，在【合成】面板中的合适位置绘制蒙版制作出文字穿梭的效果，如图7-85所示。

图 7-84

图 7-85

（21）拖动时间线，此时画面效果如图7-86所示。

图 7-86

（22）在【时间轴】面板中用鼠标右键单击空白位置，在弹出的快捷菜单中执行【新建】→【摄像机】命令，如图7-87所示。

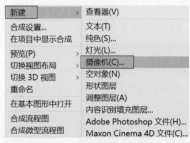

图 7-87

（23）在打开的【摄像机设置】对话框

中设置【缩放】为587.96毫米，【视角】为83.97°，【焦距】为20.00毫米，并勾选【锁定到缩放】复选框，如图7-88所示。

图7-88

（24）在【时间轴】面板中选择摄像机图层，展开【变换】，将时间线拖动到起始位置，单击【位置】左边的 ◎（时间变化秒表）按钮，设置【位置】为（1500.0,1001.0,-1666.7），如图7-89所示。将时间线拖动到3秒位置，设置【位置】为（1500.0,1001.0,-1300.0）。

图7-89

（25）至此，本案例制作完成，拖动时间线，画面效果如图7-90所示。

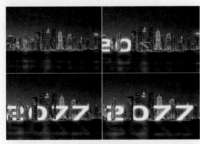

图7-90

7.8 实操：利用蒙版制作旅游海报

文件路径：资源包\案例文件\第7章蒙版和抠像\实操：利用蒙版制作旅游海报

本案例学习使用蒙版与关键帧制作出隔断的图片效果，并使用【打字机】效果制作文字动画。案例效果如图7-91所示。

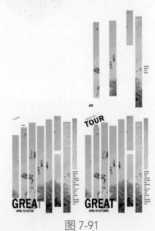

图7-91

7.8.1 项目诉求

本案例是以"景点宣传"为主题的短视频宣传项目。在短视频中常运用线条来增强画面效果。本案例要求制作具有创意，给人活力感的旅游宣传视频。

7.8.2 设计思路

本案例以隔断图片为基本设计思路，选择海边的风景图片为画面背景，同时制作画面隔断效果，使画面更加富有活力，制作渐渐出现的画面效果，并创建文字，更直观地传达画面信息。

7.8.3 配色方案

主色：以白色作为画面的主色，如图7-92所示。白色给人干净、极简的感觉。白色作为画面的主色与背景搭配，使画面整体简洁明了，同时使画面中的其他元素更加突出。

图7-92

辅助色：本案例采用瓷青色、灰菊色与黑色作为辅助色，如图7-93所示。瓷青色给人开阔、清透的感觉。灰菊色给人活力与稳定感。两种颜色互为对比色，给人强烈、明快、醒目、具有冲击力的感觉，但两种颜色的明度不强，使画面更柔和。黑色使画面中的文字更加突出，更富有层次感。

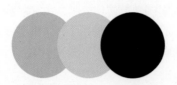

图 7-93

7.8.4 版面构图

本案例采用满版型的构图方式（见图7-94），将风景图片作为画面的主图，同时在画面中穿插文字，使画面更加丰富。

图 7-94

7.8.5 项目实战

操作步骤：

（1）在【项目】面板中单击鼠标右键，在弹出的快捷菜单中选择【新建合成】命令，在打开的【合成设置】对话框中设置【合成名称】为合成1，【预设】为自定义，【宽度】为2481px，【高度】为3508px，【持续时间】为7秒，如图7-95所示。

图 7-95

（2）在【时间轴】面板的空白位置单击鼠标右键，在弹出的快捷菜单中执行【新建】→【纯色】命令，如图7-96所示。

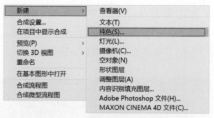

图 7-96

（3）在打开的【纯色设置】对话框中设置【名称】为白色 纯色1，【颜色】为白色，如图7-97所示。

图 7-97

（4）此时画面效果如图7-98所示。

图 7-98

（5）执行【文件】→【导入】→【文件】命令，导入全部素材。在【项目】面板中将1.jpg素材文件拖曳到【时间轴】面板中的纯色图层上方，如图7-99所示。

图 7-99

After Effects 2022 影视后期制作案例教程（全彩慕课版）

（6）在【时间轴】面板中选择1.jpg素材文件，展开【变换】，设置【位置】为（1225.5,1754.0），【缩放】为（55.0,55.0%），如图7-100所示。

图7-100

（7）在【时间轴】面板中选择1.jpg素材文件，在【工具】面板中单击▣（矩形工具）按钮，在【合成】面板中的合适位置绘制一个矩形蒙版，如图7-101所示。

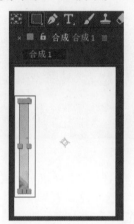

图7-101

（8）再次在【合成】面板中的合适位置绘制一个矩形蒙版，如图7-102所示。

图7-102

（9）使用同样的方法，在【工具】面板中单击▣（矩形工具）按钮，在【合成】面板中的合适位置绘制蒙版制作出错落图片的效果，如图7-103所示。

图7-103

（10）在【时间轴】面板中选择1.jpg图层，展开【蒙版】→【蒙版1】，将时间线拖动到1秒12帧位置，单击【蒙版不透明度】左边的⏱（时间变化秒表）按钮，设置【蒙版不透明度】为0%，如图7-104所示。将时间线拖动到1秒20帧位置，设置【蒙版不透明度】为100%。

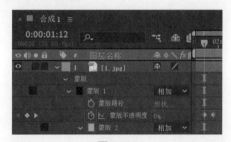

图7-104

（11）展开【蒙版2】，将时间线拖动到起始帧位置，单击【蒙版不透明度】左边的⏱（时间变化秒表）按钮，设置【蒙版不透明度】为0%，然后将时间线拖动到1秒位置，设置【蒙版不透明度】为100%，如图7-105所示。

图7-105

（12）展开【蒙版3】，将时间线拖动到1秒12帧位置，单击【蒙版不透明度】左边的 ◎（时间变化秒表）按钮，设置【蒙版不透明度】为0%，然后将时间线拖动到1秒20帧位置，设置【蒙版不透明度】为100%，如图7-106所示。

图7-106

（13）使用同样的方法为剩余蒙版在适合的时间添加关键帧，制作不透明度动画。拖动时间线，此时画面效果如图7-107所示。

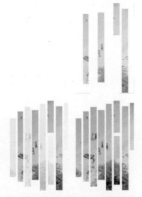

图7-107

（14）在【字符】面板中设置合适的字体样式和颜色，设置【字体大小】为48像素，【行间距】为72像素，单击 TT（全部大写）按钮，如图7-108所示。

图7-108

（15）在【工具】面板中单击 TT（文字工具）按钮，在【合成】面板中输入文字内容，如图7-109所示。

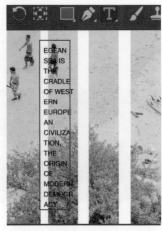

图7-109

（16）在【时间轴】面板中选择文字图层，展开【变换】，设置【位置】为（2184.0,2033.0），如图7-110所示。

图7-110

（17）在【字符】面板中设置合适的字体样式和颜色，设置【字体大小】为50像素，单击 TT（全部大写）按钮，如图7-111所示。

图7-111

（18）在【工具】面板中单击 TT（文字工具）按钮，在【合成】面板中输入文字内容，如图7-112所示。

（19）在【时间轴】面板中选择刚刚添加的文字图层，展开【变换】，设置【位置】为（1908.0,450.0），如图7-113所示。

After Effects 2022 影视后期制作案例教程（全彩慕课版）

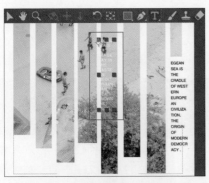

图 7-112

图 7-113

（20）在【字符】面板中设置合适的字体样式和颜色，设置【字体大小】为37像素，【行间距】为46像素，单击 **TT**（全部大写）按钮，如图7-114所示。

图 7-114

（21）在【工具】面板中单击 **T**（文字工具）按钮，在【合成】面板中输入文字内容，如图7-115所示。

图 7-115

（22）在【时间轴】面板中选择刚刚添加的文字图层，展开【变换】，设置【位置】为（437.0,476.0），如图7-116所示。

图 7-116

（23）使用同样的方法，创建文字并设置合适的字体、文字大小与位置，如图7-117所示。

图 7-117

（24）在【效果和预设】面板中搜索【打字机】效果，将时间线拖动至12帧位置，将该效果分别拖曳到图层3与图层6、图层7的文字图层上，如图7-118所示。

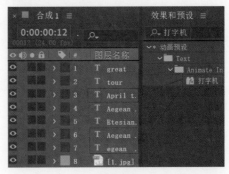

图 7-118

（25）将时间线拖动至1秒位置，将该效果分别拖曳到图层4与图层5的文字图层上，如图7-119所示。

图 7-119

（26）在【效果和预设】面板中搜索【缓慢淡化打开】效果，将时间线拖动至2秒12帧位置，将该效果拖曳到图层2的文字图层上，如图7-120所示。

图 7-120

（27）将时间线拖动至22帧位置，将该效果拖曳到图层1的文字图层上，如图7-121所示。

图 7-121

（28）至此，本案例制作完成，拖动时间线，画面效果如图7-122所示。

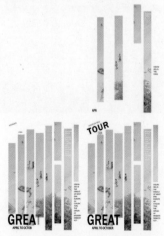

图 7-122

7.9 实操：抠像并合成立体艺术字

文件路径：资源包\案例文件\第7章蒙版和抠像\实操：抠像并合成立体艺术字

本案例主要学习如何使用抠像效果合成制作混凝土质感的立体文字画面。案例效果如图7-123所示。

图 7-123

7.9.1 项目诉求

本案例是以"合成立体文字"为主题的短视频宣传项目。我们常常在影视作品或短视频中见到各种文字特效。本案例要求制作有科技感的立体文字效果。

7.9.2 设计思路

本案例以混凝土质感文字为基本设计思路，选择具有倾斜感的城市图片作为画面背景，同时制作混凝土质感的文字，并选择具有动感的人物为画面增加动感，也使文字更加真实。

7.9.3 配色方案

主色：以水晶蓝色作为画面的主色，如图7-124所示。蓝色调在大自然中是天空与海洋的颜色，给人清爽、干净的感觉。水晶蓝色作为画面的主色，使画面整体清亮，也使画面中的其他元素更为突出。

图 7-124

辅助色：本案例采用白色、中灰色与万寿菊黄作为辅助色，如图7-125所示。白色给人简约的感觉。中灰色给人科技、轻松的感觉，在画面中作为混凝土的颜色与画面的主色产生对比，更加突出文字的立体效果。万寿菊黄给人活力、阳光的感觉，为画面添加动感。

图 7-125

7.9.4 版面构图

本案例采用重心型的构图方式，如图7-126所示。将文字作为画面的主图置于版面中间部位，后方倾斜的大楼与人物为画面增加动态与亮点，使画面更加真实与具有动感。

图 7-126

7.9.5 项目实战

操作步骤：

1. 制作背景

（1）在【项目】面板中单击鼠标右键，在弹出的快捷菜单中执行【新建合成】命令，在打开的【合成设置】对话框中设置【预设】为自定义，【宽度】为1500px，【高度】为2250px，【帧速率】为25，【持续时间】为30秒，如图7-127所示。

图 7-127

（2）执行【文件】→【导入】→【文件】命令或按组合键Ctrl+I，在打开的【导入文件】对话框中导入素材。在【项目】面板中将素材01.jpg、02.png、03.png拖曳到【时间轴】面板中，图层顺序如图7-128所示。

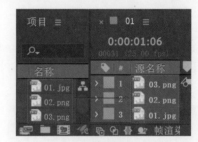

图 7-128

（3）此时画面效果如图7-129所示。

图 7-129

（4）在【时间轴】面板中选中03.png图层，并设置【模式】为较浅的颜色，如图7-130所示。

（5）此时画面效果如图7-131所示。

图 7-130

图 7-131

（6）在【项目】面板中将素材04.png拖曳到【时间轴】面板中，并设置【模式】为柔光，如图7-132所示。

图 7-132

（7）此时画面效果如图7-133所示。

图 7-133

2. 制作抠像人像

（1）在【项目】面板中将素材05.jpg拖曳到【时间轴】面板中，如图7-134所示。

图 7-134

（2）在【时间轴】面板中选中05.jpg图层，然后执行【效果】→【Keying】→【Keylight（1.2）】命令，如图7-135所示。

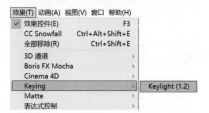

图 7-135

（3）在【效果控件】面板中单击【Screen Colour】右边的【吸管工具】，在画面中的绿色背景处单击，吸取背景颜色，如图7-136所示。

图 7-136

（4）此时画面效果如图7-137所示。

图 7-137

（5）在【时间轴】面板中单击打开05.jpg图层下的【变换】，设置【位置】为（786.0,1017.0），【缩放】为（54.1,54.1%），如图7-138所示。

图 7-138

（6）此时画面效果如图7-139所示。

图 7-139

（7）在【项目】面板中将素材06.jpg拖曳到【时间轴】面板中，设置【模式】为相乘，如图7-140所示。

图 7-140

（8）此时画面效果如图7-141所示。

（9）在【项目】面板中将素材07.png拖曳到【时间轴】面板中，然后设置【模式】为相加，如图7-142所示。

（10）此时画面效果如图7-143所示。

图 7-141

图 7-142

图 7-143

（11）在【时间轴】面板中选中所有图层，按组合键Ctrl+Shift+C，在打开的【预合成】对话框中单击【确定】按钮，如图7-144所示。

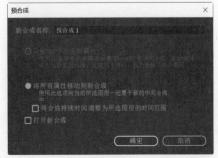

图 7-144

（12）提升画面亮度。在【效果和预设】面板中搜索【曲线】效果，并将其拖曳到【时间轴】面板中的预合成1上，如图7-145所示。

图 7-145

（13）在【效果控件】面板中调整曲线形状，如图7-146所示。

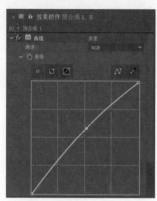

图 7-146

（14）案例最终效果如图7-147所示。

图 7-147

7.10 扩展练习：抠像并合成炫彩动态海报

文件路径：资源包\案例文件\第7章蒙版和抠像\扩展练习：抠像并合成炫彩动态海报

本案例主要学习使用混合模式制作炫彩效果。案例效果如图7-148所示。

图 7-148

7.10.1 项目诉求

本案例是以"炫彩人物"为主题的短视频宣传项目。影视作品中常常在灰色的画面中突然出现炫彩效果。本案例要求制作出人物的炫彩效果。

7.10.2 设计思路

本案例以炫彩人物为基本设计思路，选择具有动感的人物作为画面背景，同时添加其它元素，使画面更加丰富，并制作去色效果，然后制作炫彩特效，使画面更具活力。

7.10.3 配色方案

主色：以亮灰色作为画面的主色，如图7-149所示。亮灰色在所有颜色中属于中庸的颜色，给人简约、舒适的感觉。同时亮灰色作为画面的主色，更突出画面中的其他颜色，使彩色画面更加突出。

辅助色：本案例采用黑色与白色作为辅助色，如图7-150所示。黑色使画面中的颜色更加稳重，给画面带来稳定效果。白色给人干净的感觉，使画面更富有层次。

图 7-149   图 7-150

点缀色：以香槟黄色、紫藤色与青色作为点缀色，如图7-151所示。香槟黄色给人活力感，紫藤色与青色使画面具有动态，同时为画面增加了亮色，使画面更炫丽。

图 7-151

7.10.4 版面构图

本案例采用满版型的构图方式（见图7-152），将人物作为画面的主图放置于版面中间部位，后方增加其它元素，使画面更加丰富饱满，同时不规则地摆放元素使画面更加具有动感。

图 7-152

7.10.5 项目实战

操作步骤：

1. 人物效果的制作

（1）在【项目】面板中单击鼠标右键，在弹出的快捷菜单中执行【新建合成】命令，在打开的【合成设置】对话框中设置【预设】为自定义，【宽度】为1168 px，【高度】为1500 px，【帧速率】为25，【持续时间】为15秒，如图7-153所示。

（2）执行【文件】→【导入】→【文件】命令或按组合键Ctrl+I，在打开的【导入文件】对话框中选择所需要的素材，选择完后单击【导入】按钮导入素材，如图7-154所示。

图 7-153

图 7-154

（3）在【项目】面板中将素材1.jpg和2.jpg拖曳到【时间轴】面板中，如图7-155所示。

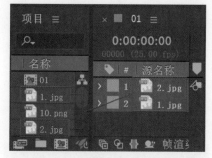

图 7-155

（4）在【效果和预设】面板中搜索【Keylight（1.2）】效果，并将其拖曳到【时间轴】面板中的2.jpg图层上，如图7-156所示。

图 7-156

（5）在【效果控件】面板中单击【Screen

Colour】右边的【吸管工具】，在画面中的绿色背景上单击，如图7-157所示。

图 7-157

（6）此时画面效果如图7-158所示。

图 7-158

（7）在【时间轴】面板中双击2.jpg图层，在【工具】面板中单击【橡皮擦工具】，在【画笔】面板中设置合适的【画笔大小】，在【绘画】面板中设置合适的【不透明度】，然后在画面中人物发梢位置进行涂抹擦除，如图7-159所示。

图 7-159

（8）此时画面效果如图7-160所示。
（9）在【效果和预设】面板中搜索【黑色和白色】效果，并将其拖曳到【时间轴】面板中的2.jpg图层上，如图7-161所示。

图 7-160

图 7-161

（10）此时画面效果如图7-162所示。

图 7-162

（11）在【项目】面板中将素材3.jpg拖曳到【时间轴】面板中，并将其拖动至2.jpg图层下方，如图7-163所示。

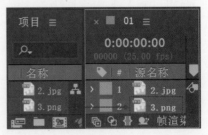

图 7-163

（12）在【时间轴】面板中单击打开3.png图层下方的【变换】，设置【位置】为（300.0,478.0），【缩 放】 为（104.8,104.8%），如图7-164所示。

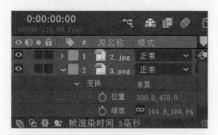

图 7-164

（13）此时画面效果如图7-165所示。

图 7-165

2. 点缀效果的制作

（1）在【项目】面板中将素材4.png拖曳到【时间轴】面板中，如图7-166所示。

图 7-166

（2）在【时间轴】面板中单击打开4.png图层下方的【变换】，将时间线拖动至起始帧位置，单击【位置】和【缩放】左边的■（时间变化秒表）按钮，设置【位置】为（1504.0,750.0），【缩 放】为（20.0,20.0%），如图7-167所示。再将时间线拖动至2秒位置，设置【位置】为（584.0,750.0），【缩 放】为（100.0,100.0%）。

图 7-167

（3）拖动时间线，此时画面效果如图7-168所示。

图 7-168

（4）在【项目】面板中将素材5.png拖曳到【时间轴】面板中，如图7-169所示。

图 7-169

（5）在【时间轴】面板中单击打开5.png图层下方的【变换】，设置【位置】为（328.0,846.0），将时间线拖动至2秒位置，并单击【不透明度】左边的■（时间变化秒表）按钮，设置【不透明度】为0%，如图7-170所示。再将时间线拖动至3秒位置，设置【不透明度】为100%。

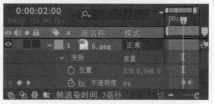

图 7-170

（6）拖动时间线，此时画面效果如图7-171所示。

图7-171

（7）在【项目】面板中将素材6.png拖曳到【时间轴】面板中，如图7-172所示。

图7-172

（8）在【时间轴】面板中单击打开6.png图层下方的【变换】，将时间线拖动至4秒位置，单击【位置】和【缩放】左边的 （时间变化秒表）按钮，设置【位置】为（-100.0,750.0），【缩放】为（20.0,20.0%），如图7-173所示。再将时间线拖动至6秒位置，设置【位置】为（584.0,750.0），【缩放】为（100.0,100.0%）。

图7-173

（9）拖动时间线，此时画面效果如图7-174所示。

（10）在【项目】面板中将素材7.png拖曳到【时间轴】面板中，并设置【模式】为相加，如图7-175所示。

图7-174

图7-175

（11）将时间线设置为6秒16帧，在【效果和预设】面板中搜索【扭曲闪电】效果，并将其拖曳到【时间轴】面板中的7.png图层上，如图7-176所示。

图7-176

（12）拖动时间线，此时画面效果如图7-177所示。

图7-177

After Effects 2022 影视后期制作案例教程（全彩慕课版）

3. 光斑效果的制作

（1）在【项目】面板中将素材8.png和9.png拖曳到【时间轴】面板中，并分别设置其【模式】为叠加，如图7-178所示。

图 7-178

（2）在【时间轴】面板中单击打开8.png图层下方的【变换】，将时间线拖动至7秒位置，设置【不透明度】为0%，如图7-179所示。再将时间线拖动至9秒位置，设置【不透明度】为100%。

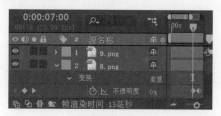

图 7-179

（3）在【效果和预设】面板中搜索【闪光灯】效果，并将其拖曳到【时间轴】面板中的8.png图层上，如图7-180所示。

图 7-180

（4）在【时间轴】面板中单击打开8.png图层下方的【效果】，设置【闪光灯】下的【闪光持续时间（秒）】为0.40，【闪光间隔时间（秒）】为0.50，【随机闪光概率】为20%，如图7-181所示。

（5）在【时间轴】面板中单击打开9.png图层下方的【变换】，将时间线拖动至7秒位置，并单击【不透明度】左边的（时间变化秒表）按钮，设置【不透明度】为0%，如图7-182所示。再将时间线拖动至9秒位置，设置【不透明度】为100%。

图 7-181

图 7-182

（6）在【时间轴】面板中单击选中8.png图层下方的【效果】，按组合键Ctrl+C复制效果，接着选中9.png图层，按组合键Ctrl+V为9.png添加相同的【闪光灯】效果，如图7-183所示。

图 7-183

（7）拖动时间线，此时画面效果如图7-184所示。

图 7-184

（8）在【项目】面板中将素材10.png拖曳到【时间轴】面板中，并设置【模式】为屏幕，如图7-185所示。

（9）在【时间轴】面板中将时间线拖动至8秒位置，然后单击打开10.png图层下方的【变换】，单击【不透明度】左边的 ◎（时间变化秒表）按钮，设置【不透明度】为0%，如图7-186所示。再将时间线拖动至10秒位置，设置【不透明度】为100%。

图 7-185

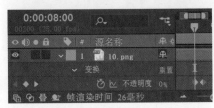

图 7-186

（10）在【效果和预设】面板中搜索【闪光灯】效果，并将其拖曳到【时间轴】面板中的10.png图层上，如图7-187所示。

图 7-187

（11）在【时间轴】面板中单击打开10.png图层，设置【闪光灯】下的【与原始图像混合】为70%，【随机闪光概率】为25%，如图7-188所示。

图 7-188

（12）拖动时间线，查看案例最终效果，如图7-189所示。

图 7-189

7.11 课后习题

一、选择题

1. 应用抠像技术拍摄人像视频时，尽量使用什么颜色的背景？（　　）

A. 红色

B. 绿色

C. 黑色

D. 紫色

2. 在After Effects中绘制蒙版的工具不包括哪种？（　　）

A. 矩形工具

B. 椭圆工具

C. 星形工具

D. 三角形工具

二、填空题

1. 在使用蒙版类工具为图层添加蒙版时，首先要_____需要添加蒙版的图层，再进行绘制。

2. _____是将一个图层的信息通过另一个图层的透明度来显示。

三、判断题

1. 绘制蒙版与绘制形状绘制的效果是完全一样的。（　　）

2. 使用【钢笔工具】绘制蒙版时，可以进行添加顶点、删除顶点、转换顶点等操作。（　　）

After Effects 2022 影视后期制作案例教程（全彩慕课版）

课后实战

● 宠物类广告

作业要求：使用【钢笔工具】或【蒙版工具】制作一幅宠物类主题广告。参考图如图7-190所示。

图 7-190

153

第8章

视频跟踪

视频跟踪是使静止的图像动态化，以匹配动作素材的运动，稳定素材，以使移动的对象在帧中静止不动来观察移动的对象如何随时间变化，还可以消除手持式摄像机的晃动。本章主要学习跟踪稳定，通过调整跟踪点确定跟踪目标，然后在【跟踪器】面板中设置相关的参数。

本章要点

 知识要点

❖ 【跟踪器】面板

❖ 跟踪点

❖ 跟踪模式

8.1 认识跟踪器

视频跟踪是对指定的目标进行检测、提取、识别和跟踪，获取目标的参数和运动轨迹，通过后台的处理和分析来匹配跟踪。

After Effects 2022通过将来自某个帧中的选定区域的图像数据与每个后续帧中的图像数据进行匹配，来跟踪运动。它可以将同一跟踪数据应用于不同的图层或效果，还可以跟踪同一图层中的多个对象。

8.2 【跟踪器】面板

After Effects 2022可以通过【跟踪器】面板（见图8-1）设置、启动和应用运动跟踪。

图 8-1

8.3 跟踪点

在After Effects 2022中进行跟踪时，可以在【图层】面板中设置跟踪点来指定要跟踪的区域。每个跟踪点包含一个特性区域、一个搜索区域和一个附加点，如图8-2所示。一组跟踪点构成一个跟踪器。（注意：在After Effects 2022中的跟踪运动，最多可以为图层设置4个跟踪点。）

特性区域： 是在整个跟踪持续期间内，能够被清晰识别的跟踪特性。

图 8-2

搜索区域： 是查找跟踪特性而要搜索的区域。被跟踪特性只需要在搜索区域内与众不同，不需要在整个帧内与众不同。

附加点： 是指定目标的附加位置，以便与跟踪图层中的运动特性同步。

8.4 跟踪模式

After Effects 2022中的跟踪模式有【跟踪摄像机】、【变形稳定器】、【跟踪运动】和【稳定运动】4种。

8.4.1 跟踪摄像机

跟踪摄像机是对视频序列进行分析，以提取摄像机运动和3D场景数据。

导入素材，在【时间轴】面板中选中素材，接着在【跟踪器】面板中单击【跟踪摄像机】，如图8-3所示。

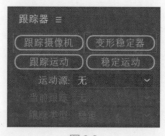

图 8-3

此时在【合成】面板中进行后台分析，如图8-4所示。

【效果控件】面板中会自动添加【3D摄像机跟踪器】，如图8-5所示。

解析完成后，在【合成】面板中自动生成目标点，如图8-6所示。

图 8-4

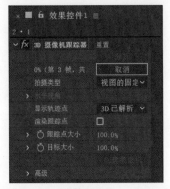

图 8-5

图 8-6

在【合成】面板中的合适位置选择目标点，然后单击鼠标右键，在弹出的快捷菜单中执行【创建文本和摄像机】命令，如图8-7所示。

图 8-7

输入合适的文本，并调整文本的属性，如图8-8所示。

图 8-8

此时拖动时间线，画面效果如图8-9所示。

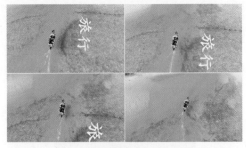

图 8-9

8.4.2 变形稳定器

变形稳定器可以消除因摄像机晃动带来的画面抖动。下面为图层添加【变形稳定器】效果。

导入素材，在【时间轴】面板中选中素材，在【跟踪器】面板中单击【变形稳定器】，如图8-10所示。

图 8-10

在【效果控件】面板中设置合适的参数，然后自动进行分析，如图8-11所示。

图 8-11

为画面应用【变形稳定器】前后的对比效果如图8-12所示。

图 8-12

8.4.3 跟踪运动

跟踪运动是将所跟踪的运动结果应用于一个不同的图层或效果控制点。

导入全部素材，此时画面效果如图8-13所示。

图 8-13

在【时间轴】面板中选中图层2，在【跟踪器】面板中单击【跟踪运动】，如图8-14所示。

图 8-14

在【图层】面板中调整跟踪点位置，如图8-15所示。

图 8-15

在【跟踪器】面板中单击【编辑目标】，如图8-16所示。

图 8-16

在打开的【运动目标】对话框中设置【图层】为1.2，如图8-17所示。

图 8-17

在【跟踪器】面板中单击【向前分析】按钮▶进行分析，如图8-18所示。

在【时间轴】面板中展开【图层1】→【变换】，设置合适的参数，如图8-19所示。

图 8-18

图 8-19

此时拖动时间线，画面效果如图8-20所示。

图 8-20

8.4.4 稳定运动

稳定运动是可跟踪运动并将结果应用于被跟踪图层，以针对该运动进行补偿。

导入素材，在【时间轴】面板中选中素材，在【跟踪器】面板中单击【稳定运动】，勾选【位置】和【旋转】复选框，如图8-21所示。

在【图层】

图 8-21

面板中调整跟踪点位置，如图8-22所示。

图 8-22

在【跟踪器】面板中单击【向前分析】按钮▶进行分析，分析完成后，单击【应用】按钮，如图8-23所示。

图 8-23

在打开的【动态跟踪器应用选项】对话框中设置【应用维度】为X和Y，接着单击【确定】按钮，如图8-24所示。

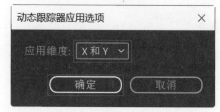

图 8-24

在【时间轴】面板中单击素材图层，使用组合键Ctrl+Shift+C进行预合成，在打开的【预合成】对话框中勾选【将所有属性移动到新合成】选项，然后单击【确定】按钮，如图8-25所示。

在【时间轴】面板中展开【图层1】→【变换】，设置【位置】为（1962.2,1069.4），【缩放】为（110.0,110.0%），如图8-26所示。

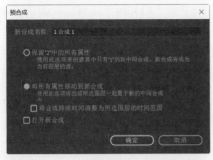

图 8-25

图 8-26

此时拖动时间线，画面效果如图8-27所示。

图 8-27

8.5 实操：跟踪并合成奔跑文字

文件路径：资源包\案例文件\第8章
视频跟踪\实操：跟踪并合成奔跑文字

本案例学习创建文字并使用【跟踪器】面板制作文字随着人物运动的效果。案例效果如图8-28所示。

图 8-28

8.5.1 项目诉求

本案例是以"奔跑文字"为主题的短视频宣传项目。在影视作品中常常出现文字跟随人物一起运动的效果。本案例要求制作奔跑文字的效果。

8.5.2 设计思路

本案例以文字跟随人物运动为基本设计思路，选择奔跑中的人物为画面背景，同时创建文字，使文字追踪人物，让文字的运动更加自然与有活力。

8.5.3 配色方案

主色：以灰色作为画面的主色，如图8-29所示。灰色给人柔和感。灰色作为主色在使画面增加重色的同时，也使画面偏柔和，更富有运动的感觉。

辅助色：本案例采用灰棕色与白色作为辅助色，如图8-30所示。灰棕色给人古典、大气的感觉，在画面中作为建筑的颜色，使其在与主色相统一的同时，又富有变化。白色作为画面中文字的颜色，使文字更加突出。

图 8-29　　　　　图 8-30

8.5.4 版面构图

本案例采用自由型的构图方式（见图8-31），将奔跑的人物与文字作为画面的主体，使画面更有动感，而长长的地面给人奔跑的视觉冲击，与变小的人物和文字形成对比。

图 8-31

8.5.5 项目实战

操作步骤：

（1）执行【文件】→【导入】→【文件】命令，导入全部素材。在【项目】面板中将01.mp4素材文件拖曳到【时间轴】面板中，此时在【项目】面板中自动生成与素材尺寸等大的合成，如图8-32所示。

图 8-32

（2）此时【合成】面板中的画面效果如图8-33所示。

图 8-33

（3）在【字符】面板中设置合适的字体样式和颜色，设置【字体大小】为700像素，【字符间距】为125，【垂直缩放】为75%，如图8-34所示。

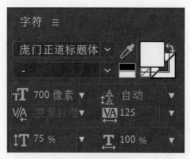

图 8-34

（4）在【时间轴】面板的空白位置单击鼠标右键，在弹出的快捷菜单中执行【新建】→【文本】命令，如图8-35所示。

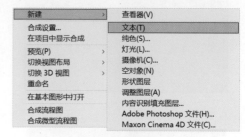

图 8-35

（5）此时【合成】面板中的文本效果如图8-36所示。

图 8-36

（6）在【时间轴】面板中单击01.mp4素材文件，在【跟踪器】面板中单击【跟踪运动】，如图8-37所示。

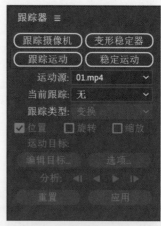

图 8-37

（7）在【跟踪器】面板中勾选【位置】和【缩放】复选框，如图8-38所示。

图 8-38

（8）在【合成】面板中为跟踪点设置合适的大小与位置，如图8-39所示。

图 8-39

（9）在【跟踪器】面板中单击【向前分析】按钮▶进行分析，然后单击【应用】按钮，如图8-40所示。

图 8-40

（10）至此，本案例制作完成，拖动时间线，画面效果如图8-41所示。

图 8-41

8.6 扩展练习：替换屏幕视频

文件路径：资源包\案例文件\第8章视频跟踪和稳定\扩展练习：替换屏幕视频

本案例学习使用【运动跟踪】替换笔记本电脑屏幕中的画面。案例效果如图8-42所示。

图 8-42

8.6.1 项目诉求

本案例是以"屏幕视频"为主题的短视频宣传项目。在拍摄过程中难免会遇到拍摄的视频内容与自己需要的内容不同的情况。本案例要求替换屏幕中的视频内容。

8.6.2 设计思路

本案例以替换屏幕视频内容为基本设计思路，将笔记本电脑作为画面背景，同时替换屏幕中的视频，使画面简单明了。

8.6.3 配色方案

主色：以香槟黄色作为画面的主色，如图8-43所示。香槟黄色给人温馨、柔和的感觉，使画面整体更加柔美。同时香槟黄色作为画面的主色，使画面更加温暖，给人舒适的感觉。

辅助色：本案例采用水晶蓝色与驼色作为辅助色，如图8-44所示。水晶蓝色给人沉静、大方的感觉，驼色给人温暖的感觉，同时为画面增加了重色，使画面更加富有层次感。

图 8-43　　　　　图 8-44

8.6.4　版面构图

本案例采用自由型的构图方式（见图8-45），将笔记本电脑屏幕作为画面的主图，并在后面放置多种素材以丰富画面。

图 8-45

8.6.5　项目实战

操作步骤：

（1）执行【文件】→【导入】→【文件】命令，导入全部素材。在【项目】面板中将01.mp4素材文件拖曳到【时间轴】面板中，此时在【项目】面板中自动生成与素材尺寸等大的合成，如图8-46所示。

图 8-46

（2）此时画面效果如图8-47所示。

图 8-47

（3）在【项目】面板中将02.mp4素材文件拖曳到【时间轴】面板中的01.mp4素材文件上方，如图8-48所示。

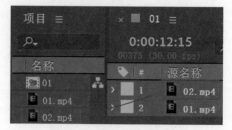

图 8-48

（4）在【时间轴】面板中单击01.mp4素材文件，在【跟踪器】面板中单击【跟踪运动】，并设置【跟踪类型】为【透视边角定位】，如图8-49所示。

图 8-49

（5）在【合成】面板中将跟踪点分别放置在笔记本电脑屏幕的4个点上，如图8-50所示。

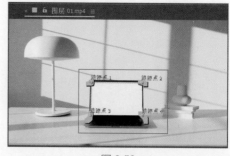

图 8-50

（6）在【跟踪器】面板中单击【向前分析】按钮▶进行分析，然后单击【应用】按钮，如图8-51所示。

图 8-51

（7）至此，本案例制作完成，拖动时间线，画面效果如图8-52所示。

图 8-52

8.7 课后习题

一、选择题

1. 以下哪种属性不能跟踪运动？
    （　　）。
    A. 位置
    B. 旋转
    C. 缩放
    D. 不透明度
2. 在After Effects中的【跟踪运动】下，最多可以为图层设置几个跟踪点？（　　）
    A. 1
    B. 2
    C. 3
    D. 4

二、填空题

1. 在After Effects中跟踪模式有_____、_____、_____和_____4种。
2. 在_____面板中可以对图层进行跟踪或稳定处理。

三、判断题

1. 在After Effects中对视频跟踪完成后，会自动生成数个关键帧。（　　）
2. 在进行跟踪或稳定时，要尽快选择图像中颜色区别较大的位置作为跟踪点，这样会更加准确。（　　）

课后实战

● 更换手机屏幕内容

作业要求：将绿色的手机屏幕进行抠像操作，并使用【跟踪运动】更换屏幕内容为动态视频。参考图如图8-53所示。

图 8-53

第9章

视频输出

输出是将制作好的作品进行渲染输出。在 After Effects 2022 中，可以将作品渲染为不同格式的文件，以便在不同的播放器或 App 上传输、查看。本章主要学习认识输出、输出方法和输出格式等相关内容。

本章要点

📷 知识要点

❖ 认识输出

❖ 输出方法

❖ 渲染输出设置

9.1 认识输出

在After Effects 2022中，不仅可以将制作好的工程文件输出为不同的格式，以便上传和查看效果，还可以在制作过程中将工程文件进行输出，查看效果，然后返工修改，直至最终满意，最后进行渲染输出。有时候还需要对一些嵌套合成层预先进行渲染，然后将渲染的影片导入合成项目，以提高工作效率。

9.2 输出方法

在After Effects 2022中，可以使用渲染队列和Adobe Media Encoder队列进行输出。

9.2.1 渲染队列输出

在菜单栏中执行【合成】→【添加到渲染队列】命令，如图9-1所示。

图 9-1

或者在菜单栏中执行【文件】→【导出】→【添加到渲染队列】命令，如图9-2所示。

图 9-2

此时打开【渲染队列】面板，在该面板中可以设置合适的【渲染设置】、【输出模块】和【输出到】，接着单击【渲染】按钮进行渲染，如图9-3所示。

图 9-3

9.2.2 Adobe Media Encoder 队列输出

Adobe Media Encoder实际上是一个格式编码工具，它提供了丰富的输出类型，包括AVI、H.264、MPEG2、QuickTime、TIFF、PNG等。在菜单栏中执行【合成】→【添加到Adobe Media Encoder队列】命令，如图9-4所示。

图 9-4

After Effects 2022自动打开Adobe Media Encoder 2022软件，如图9-5所示。

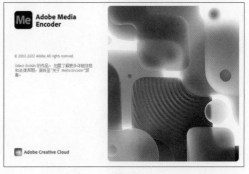

图 9-5

进入Adobe Media Encoder 2022软件，界面如图9-6所示。

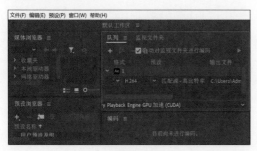

图 9-6

在【队列】面板中设置合适的【格式】、【预设】及【输出文件】，最后单击【起送队列】按钮 ▶ 进行输出，如图9-7所示。

图 9-7

此时【编码】面板开始进行输出，如图9-8所示。

图 9-8

9.3 渲染输出设置

在渲染输出时，可以在不同的对话框中设置输出文件的格式、名称、大小及位置等相关参数。

9.3.1 渲染设置

【渲染设置】对话框用来设置输出文件的品质，如图9-9所示。

图 9-9

9.3.2 输出模块设置

【输出模块设置】对话框用于调整输出文件的格式及其他的一系列设置，如图9-10所示。

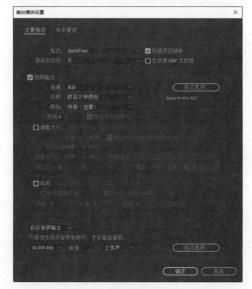

图 9-10

1. 调整格式

在【输出模块设置】对话框中单击【主要选项】选项卡，接着单击【格式】右边的 ⌄ 按钮，在弹出的下拉列表中可以选择合适的文件格式，如图9-11所示。

2. 调整合成的尺寸

在【输出模块设置】对话框中勾选【调整大小】复选框，设置【调整大小到】为750×469，如图9-12所示。

图 9-11

图 9-12

3. 裁剪合成

在【输出模块设置】对话框中勾选【裁剪】复选框，设置合适的【顶部】、【左侧】、【底部】、【右侧】参数，如图9-13所示。

图 9-13

4. 裁剪到目标区域

在【合成】面板中单击下方的 （目标区域）按钮，接着在【合成】面板的合适位置按住鼠标左键拖曳鼠标，绘制输出区域，

如图9-14所示。

图 9-14

在【输出模块设置】对话框中勾选【裁剪】和【使用目标区域】复选框，如图9-15所示。

图 9-15

输出文件后，播放文件，查看文件，此时输出的为文件目标区域，如图9-16所示。

图 9-16

9.3.3 输出到

【将影片输出到】对话框用来设置输出

167

文件的保存路径，如图9-17所示。

图 9-17

9.3.4 渲染 AVI 格式的视频

本案例学习渲染AVI格式的视频。

（1）打开任意文件，如图9-18所示。

图 9-18

（2）在菜单栏中执行【合成】→【添加到渲染队列】（见图9-19）或使用组合键Ctrl+M打开【渲染队列】面板。

图 9-19

（3）在【渲染队列】面板中单击【输

出模块】右边的【高品质】按钮，如图9-20所示。

图 9-20

（4）在打开的【输出模块设置】对话框中选择【格式】为AVI，接着单击【确定】按钮，如图9-21所示。

（5）在【渲染队列】面板中单击【输出到】右边的【合成 1.avi】按钮，在打开的【将影片输出到】对话框中设置合适的存储位置，并设置【文件名】为【合成1.avi】，接着单击【保存】按钮，如图9-22所示。

图 9-21

图 9-22

（6）在【渲染队列】面板中单击【渲染】按钮，如图9-23所示。

图 9-23

（7）此时出现渲染进度条，如图9-24所示。

图 9-24

（8）渲染完成后，在刚才设置的路径文件夹下即可看到渲染的视频"合成 1.avi"，如图9-25所示。

图 9-25

9.3.5 渲染一张 JPG 格式的静帧图片

本案例学习渲染JPG格式的静帧图片。

（1）打开任意文件，并将时间线拖动至6秒位置，如图9-26所示。

（2）在菜单栏中执行【合成】→【帧另存为】→【文件】命令（见图9-27），或使用组合键Ctrl+Alt+S打开【渲染队列】面板。

图 9-26

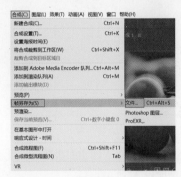

图 9-27

（3）在【渲染队列】面板中单击【输出模块】右边的【Photoshop】按钮，如图9-28所示。

图 9-28

（4）在打开的【输出模块设置】对话框中选择【格式】为"JPEG序列"，并取消勾选【使用合成帧编号】选项，如图9-29所示。

图 9-29

（5）在【渲染队列】面板中单击【输出到】右边的【合成 1.(0-00-06-00).jpg】按钮，在打开的【将帧输出到】对话框中设置合适的存储位置，并设置【文件名】为单帧图片.jpg，接着单击【保存】按钮，如图9-30所示。

图 9-30

（6）在【渲染队列】面板中单击【渲染】按钮，如图9-31所示。

图 9-31

（7）此时出现渲染进度条，如图9-32所示。

图 9-32

（8）渲染完成后，在刚才设置的路径文件夹下即可看到渲染的图片"单帧图片.jpg"，如图9-33所示。

图 9-33

9.4 用 Adobe Media Encoder 输出模块和视频

9.4.1 用 Adobe Media Encoder 输出模块

下面学习使用Adobe Media Encoder输出模块。

（1）单击【队列】面板中输出源文件下方的格式，如图9-34所示。

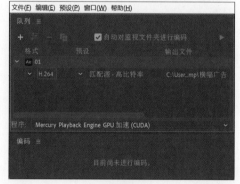

图 9-34

（2）在打开【导出设置】对话框中单击【源】选项卡，然后单击 （裁剪输出视频）按钮，接着在下方预览区并拖动顶点调整输出视频尺寸，如图9-35所示。

（3）单击 （裁剪输出视频）按钮后，还可以手动设置参数来更改输出视频尺寸，如图9-36所示。

After Effects 2022 影视后期制作案例教程（全彩慕课版）

图 9-35

图 9-36

（4）单击【裁剪比例】右边的 $\vee$ 按钮，可以将输出视频裁剪为固定的尺寸，如图9-37所示。

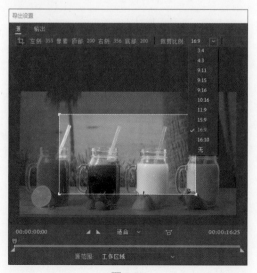

图 9-37

（5）在打开的【导出设置】对话框中单击【输出】选项卡，拖动下方的时间线到合适位置，分别单击 $\triangleleft$ （设置入点）按钮和 $\triangleright$ （设置出点）按钮可以更改输出文件的出入点，如图9-38所示。

图 9-38

（6）在打开的【导出设置】对话框中展开右侧的【导出设置】，可以设置导出文件的格式、匹配源和文件名称及位置，还可以设置输出文件的其他相关参数，如图9-39所示。

图 9-39

9.4.2 用 Adobe Media Encoder 输出视频

本案例学习使用Adobe Media Encoder输出视频。

（1）打开任意文件，如图9-40所示。

图 9-40

（2）在菜单栏中执行【合成】→【添加到Adobe Media Encoder队列】命令（见图9-4）或使用组合键Ctrl+Alt+M，打开Adobe Media Encoder 2022软件（见图9-5）。

（3）进入Adobe Media Encoder 2022软件界面，如图9-41所示。

图 9-41

（4）在【队列】面板中设置【格式】为H.264（见图9-42），设置【输出文件】为合适的存储位置，最后单击【起送队列】按钮▶进行输出。

图 9-42

（5）此时【编码】面板开始进行输出，如图9-43所示。

图 9-43

（6）渲染完成后，在刚才设置的路径文件夹下即可看到渲染的视频"1.mp4"，如图9-44所示。

图 9-44

9.5 课后习题

一、选择题

1. 下面哪个组合键可以调出【导出设置】对话框?（　　）

A. Ctrl+A

B. Ctrl+D

C. Ctrl+M

D. Alt+M

2. 下面哪种格式不可以通过After Effects输出?（　　）

A. AVI

B. MP4

C. MOV

D. MAX

二、填空题

1. 除了在【导出设置】对话框中输出作品外，还可以使用_____输出。

2. _____实际上是一个格式编码工具，它提供了丰富的输出格式，包括AVI、H.264、MPEG2、QuickTime、TIFF、PNG等。

三、判断题

1. 在After Effects中输出视频时，可以输出【时间轴】面板中与素材一致的全长度视频，也可以输出部分片段视频。（   ）

2. 在输出图片格式时，需要在【导出设置】对话框中取消【使用合成帧编号】选项。（   ）

课后实战

● 输出视频

作业要求：使用【导出设置】对话框或Adobe Media Encoder将自己创作的任意作品输出为视频格式。

第10章

广告与电视栏目
包装设计综合
应用

广告设计是 After Effects 重要的应用领域之一。广告设计可以为单调的产品添加动画效果，将产品文案转换成动画，使产品具有独特的风格与视觉冲击力，从而提高广告宣传的效率，让用户获得清晰的广告信息。

电视栏目包装是通过声音、图像和颜色使受众增强对产品的识别能力，确立产品的地位。电视栏目包装的作用是突出节目、栏目、频道的个性特征和特点。电视栏目包装不仅有自己的形象标志、颜色和声音，还要遵循一定的包装原则。

知识要点

❖ 广告设计的应用
❖ 电视栏目包装设计的应用

10.1 实操：儿童教育机构宣传广告

文件路径：资源包\案例文件\第10章 广告与电视栏目包装设计综合应用\实操：儿童教育机构宣传广告

本案例先创建文字并制作文字动画，接着使用【椭圆工具】绘制元素并绘制蒙版为素材制作遮罩，然后使用【百页窗】与【块溶解】制作过渡效果。案例效果如图10-1所示。

图 10-1

10.1.1 项目诉求

本案例是以"教育机构"为主题的短视频宣传项目。儿童教育机构的宣传视频常常以各种教育内容作为宣传点。本案例要求制作具有活力、向上的儿童教育机构宣传视频。

10.1.2 设计思路

本案例以渐显教育工具为基本设计思路，选择黄色为画面背景色，并创建文字，为文字制作闪动效果，然后为儿童与其他元素制作渐显与擦除效果。

10.1.3 配色方案

主色：以铬黄色为画面的主色，如图10-2所示。铬黄色给人活力、阳光的感觉，同时高饱和的黄色也符合儿童的喜好。铬黄色作为纯色的背景，在使画面更加活跃的同时，也更加突出画面中的其他素材。

辅助色：本案例采用白色与红色作为辅助色，如图10-3所示。白色给人干净的感觉，作为文字的颜色使文字更加突出。红色

给人甜美、欢快的感觉，与画面中的主色为对比色，使画面更加饱满。

图 10-2   图 10-3

点缀色：蓝青色、黑色、灰菊色、孔雀石绿为画面的点缀色，如图10-4所示。它们与儿童主题更加贴合，使画面更加丰富多彩、更具有层次感。

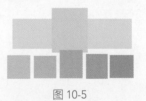

图 10-4

10.1.4 版面构图

本案例采用自由型的构图方式（见图10-5），将文字与人物作为画面的主体，人物后方的文字为画面增加了乐趣，使画面更有层次感，下方的图形在丰富画面的同时，也传达了信息。

图 10-5

10.1.5 项目实战

操作步骤：

1. 创建文字与文字动画

（1）在【项目】面板中单击鼠标右键，在弹出的快捷菜单中执行【新建合成】命令，在打开的【合成设置】对话框中设置【合成名称】为合成1，【预设】为自定义，【宽度】为1423px，【高度】为692px，【持续时间】为7秒，如图10-6所示。

（2）在【时间轴】面板的空白位置单击鼠标右键，在弹出的快捷菜单中执行【新建】→【纯色】命令，如图10-7所示。

图 10-6

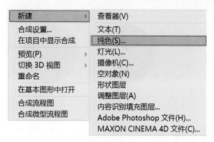

图 10-7

（3）在打开的【纯色设置】对话框中设置【名称】为背景，【颜色】为橙色，如图10-8所示。

图 10-8

（4）此时画面效果如图10-9所示。

图 10-9

（5）在【字符】面板中设置合适的字体样式和颜色，设置【字体大小】为28像素，【字符间距】为46像素，单击 TT（全部大写）按钮，如图10-10所示。

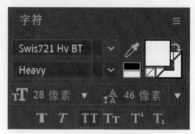

图 10-10

（6）在【工具】面板中单击 T（横排文字工具）按钮，在【合成】面板中输入文字内容，如图10-11所示。

图 10-11

（7）在【时间轴】面板中选择文字图层，展开【变换】，设置【位置】为（869.0,341.9），如图10-12所示。

图 10-12

（8）在【效果和预设】面板中搜索【划入到中央】效果，接着将时间线拖动至2秒位置，将该效果拖曳到文字图层上，如图10-13所示。

（9）在【字符】面板中设置合适的字体样式和颜色，设置【字体大小】为37像素，【字符间距】为46像素，如图10-14所示。

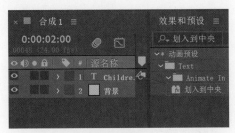

图 10-13

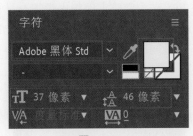

图 10-14

（10）在【工具】面板中单击 T（横排文字工具）按钮，在【合成】面板中输入文字内容，如图10-15所示。

图 10-15

（11）在【时间轴】面板中选择刚刚添加的文字图层，展开【变换】，设置【位置】为（323.5,338.8），如图10-16所示。

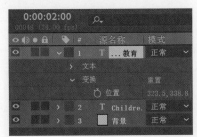

图 10-16

（12）在【效果和预设】面板中搜索【单词淡化上升】效果，接着将时间线拖动至2秒位置，将该效果拖曳到刚刚添加的文字图层上，如图10-17所示。

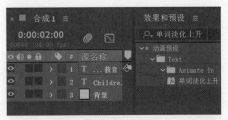

图 10-17

（13）拖动时间线，此时画面效果如图10-18所示。

图 10-18

（14）在【字符】面板中设置合适的字体样式和颜色，设置【字体大小】为247像素，【字符间距】为46像素，如图10-19所示。

图 10-19

（15）在【工具】面板中单击 T（横排文字工具）按钮，在【合成】面板中输入文字内容，如图10-20所示。

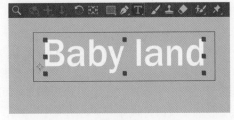

图 10-20

（16）在【时间轴】面板中选择刚刚添加的文字图层，展开【变换】，设置【位置】为（197.9,300.7），如图10-21所示。

图 10-21

（17）在【效果和预设】面板中搜索【随机淡化上升】效果，接着将时间线拖动至起始帧位置，将该效果拖曳到刚刚添加的文字图层上，如图10-22所示。

图 10-22

（18）执行【文件】→【导入】→【文件】命令，导入全部素材。在【项目】面板中将5.png素材文件拖曳到【时间轴】面板中的图层1位置，如图10-23所示。

图 10-23

（19）在【时间轴】面板中选择5.png素材文件，展开【变换】，设置【位置】为（685.6,197.8）。接着将时间线拖动到1秒23帧位置，单击【不透明度】左边的■（时间变化秒表）按钮，设置【不透明度】为0%，如图10-24所示。将时间线拖动到2秒14帧位置，设置【不透明度】为100%。

图 10-24

（20）在【字符】面板中设置合适的字体样式和颜色，设置【字体大小】为28像素，【字符间距】为46像素，单击■（全部大写）按钮，如图10-25所示。

图 10-25

（21）在【工具】面板中单击■（文字工具）按钮，在【合成】面板中输入文字内容，如图10-26所示。

图 10-26

（22）在【时间轴】面板中选择刚刚添加的文字图层，展开【变换】，设置【位置】为（1015.8,163.8），如图10-27所示。

图 10-27

（23）在【效果和预设】面板中搜索【单词淡化上升】效果，接着将时间线拖动至2秒位置，将该效果拖曳到刚刚添加的文字图层上，如图10-28所示。

After Effects 2022

影视后期制作案例教程（全彩慕课版）

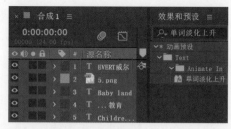

图 10-28

（24）拖动时间线，此时画面效果如图10-29所示。

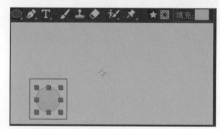

图 10-29

2. 创建元素与元素动画

（1）在不选择任何图层的情况下，在【工具】面板中单击 ⬭（椭圆工具）按钮，设置【填充】为蓝色，在【合成】面板中合适的位置绘制一个圆形，如图10-30所示。

图 10-30

（2）在不选择任何图层的情况下，在【工具】面板中单击 ⬭（椭圆工具）按钮，取消【填充】，设置【描边】为白色，【描边粗细】为17像素，在【合成】面板中蓝色圆形上绘制一个圆形，如图10-31所示。

图 10-31

（3）在【项目】面板中将4.png素材文件拖曳到【时间轴】面板中，如图10-32所示。

图 10-32

（4）在【时间轴】面板中选择4.png素材文件，展开【变换】，设置【位置】为（260.5,529.0），【缩放】为（19.0,19.0%），如图10-33所示。

图 10-33

（5）在【时间轴】面板中选择4.png素材文件，在【工具】面板中单击 ⬭（椭圆工具）按钮，在【合成】面板中绘制一个蒙版，如图10-34所示。

图 10-34

（6）在【时间轴】面板上选择图层1～图层3，用鼠标右键单击，在弹出的快捷菜单中执行【预合成】命令，如图10-35所示。

图 10-35

（7）在打开的【预合成】对话框中单击【确定】按钮，如图10-36所示。

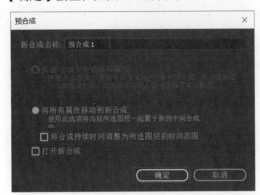

图 10-36

（8）在不选择任何图层的情况下，在【工具】面板中单击◯（椭圆工具）按钮，设置【填充】为黑色，在【合成】面板中合适的位置绘制一个圆形，如图10-37所示。

图 10-37

（9）在不选择任何图层的情况下，在【工具】面板中单击◯（椭圆工具）按钮，取消【填充】，设置【描边】为白色，【描边粗细】为17像素，在【合成】面板中黑色圆形上绘制一个圆形，如图10-38所示。

图 10-38

（10）在【时间轴】面板中选择2.png素材文件，展开【变换】，设置【位置】为（492.5,527.0），【缩放】为（44.4，44.4%），如图10-39所示。

图 10-39

（11）在【时间轴】面板中选择2.png素材文件，在【工具】面板中单击◯（椭圆工具）按钮，在【合成】面板中绘制一个蒙版，如图10-40所示。

图 10-40

（12）在【时间轴】面板上选择图层1～图层3，用鼠标右键单击，在弹出的快捷菜单中执行【预合成】命令，如图10-41所示。

图 10-41

（13）在打开的【预合成】对话框中单击【确定】按钮，如图10-42所示。

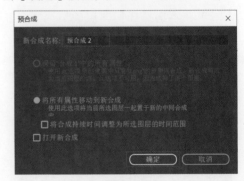

图 10-42

（14）使用同样的方法，创建圆形并摆放到合适的位置，为剩余的素材设置合适的大小、位置与蒙版，如图10-43所示。

图 10-43

（15）在【效果和预设】面板中搜索【百页窗】效果，将该效果分别拖曳到除预合成2外的所有预合成图层上，如图10-44所示。

图 10-44

（16）在【时间轴】面板中选择预合成1、预合成3、预合成5文件，展开【效果】→【百页窗】，接着将时间线拖动到3秒位置，单击【过渡完成】左边的 （时间变化秒表）按钮，设置【过渡完成】为100%，如图10-45所示。将时间线拖动到3秒13帧位置，设置【过渡完成】为0%。

图 10-45

（17）在【时间轴】面板中选择预合成4文件，展开【效果】→【百页窗】，接着将时间线拖动到3秒12帧位置，单击【过渡完成】左边的 （时间变化秒表）按钮，设置

【过渡完成】为100%，如图10-46所示。将时间线拖动到4秒位置，设置【过渡完成】为0%。

图 10-46

（18）在【效果和预设】面板中搜索【块溶解】效果，将该效果拖曳到预合成2图层上，如图10-47所示。

图 10-47

（19）在【时间轴】面板中选择预合成2文件，展开【效果】→【块溶解】，设置【块宽度】为1.0，【块高度】为1.0，接着将时间线拖动到3秒12帧位置，单击【过渡完成】左边的 （时间变化秒表）按钮，设置【过渡完成】为100%，如图10-48所示。将时间线拖动到4秒位置，设置【过渡完成】为0%。

图 10-48

（20）至此，本案例制作完成，拖动时间线，画面效果如图10-49所示。

图 10-49

10.2 实操：中式水墨风格电视栏目包装设计

文件路径：资源包\案例文件\第10章广告与电视栏目包装设计综合应用\实操：中式水墨风格电视栏目包装设计

本案例主要学习使用关键帧制作水墨文字的淡入效果。案例效果如图10-50所示。

图 10-50

10.2.1 项目诉求

本案例是以"水墨文字"为主题的短视频项目。中国风视频中常常出现文字渐渐显现的效果。本案例要求视频具有文字渐显的画面效果。

10.2.2 设计思路

本案例以文字笔画渐渐显现为基本设计思路，选择以水墨山水画为画面背景，使画面具有浓厚的中国风气息，同时创建文字，并制作文字笔画缩小且渐显的画面效果，使画面更有动态，也增加了一份稳重感。

10.2.3 配色方案

主色： 以灰菊色作为画面的主色，如图10-51所示。灰菊色给人稳重、阳光的感觉，在画面中作为主色给人源远流长的年代感，同时使画面更加富有层次。

图 10-51

辅助色： 本案例采用米色、灰色与黑色作为辅助色，如图10-52所示。米色给人温暖、古典的感觉，米色与主色为邻近色，使画面完整、统一，又富有变化。灰色给人简约的感觉。黑色给人庄严的感觉，使画面更加丰富。

图 10-52

10.2.4 版面构图

本案例采用自由型的构图方式（见图10-53），将文字作为画面的主体，文字后面的图片使画面更加饱满，文字内容更加突出，也使画面的中国风更加浓郁。

图 10-53

10.2.5 项目实战

操作步骤：

（1）在【项目】面板中单击鼠标右键，在弹出的快捷菜单中执行【新建合成】命令，在打开的【合成设置】对话框中设置【预设】为自定义，【宽度】为5274px，【高度】为5056px，【帧速率】为25，【背景颜色】为白色，如图10-54所示。

图 10-54

（2）执行【文件】→【导入】→【文件】命令或按组合键Ctrl+I，在打开的【导入文件】对话框中选择所需要的素材，单击【导入】按钮导入素材，如图10-55所示。

图 10-55

（3）在【项目】面板中将素材画.jpg和山.png拖曳到【时间轴】面板中，如图10-56所示。

图 10-56

（4）在【时间轴】面板中将时间线拖动至起始帧位置，接着单击打开山.png图层下方的【变换】，并依次单击【位置】、【缩放】和【不透明度】左边的 （时间变化秒表）按钮，设置【位置】为（2200.0,960.0），【缩放】为（1000.0,1000.0%），【不透明度】为10%，如图10-57所示。将时间线拖动至1秒10帧位置，设置【位置】为（1139.0,960.0），【缩放】为（300.0,300.0%），【不透明度】为100%。

图 10-57

（5）拖动时间线，此时画面效果如图10-58所示。

图 10-58

（6）在【项目】面板中将素材水.png拖曳到【时间轴】面板中，如图10-59所示。

图 10-59

（7）在【时间轴】面板中将时间线拖动至1秒10帧位置，接着单击打开水.png图层下方的【变换】，并依次单击【位置】、【缩放】和【不透明度】左边的 （时间变化秒表）按钮，设置【位置】为（1869.0,1968.0），取消【缩放】右边的 （约束比例）按钮，设置【缩放】为（1200%，909.1%），【不透明度】为0%，如图10-60所示。接着将时间线拖动至2秒20帧位置，设置【位置】为（1139.0,1968.0），【缩放】为（330.0,250.0%），【不透明度】为100%。

图 10-60

（8）拖动时间线，此时画面效果如图10-61所示。

图 10-61

（9）在【项目】面板中将素材情.png拖曳到【时间轴】面板中，如图10-62所示。

图 10-62

（10）在【时间轴】面板中将时间线拖动至2秒20帧位置，单击打开情.png图层下方的【变换】，并依次单击【位置】、【缩放】和【不透明度】左边的■（时间变化秒表）按钮，设置【位置】为（1846.0,3096.0），取消【缩放】左边的■（约束比例）按钮，设置【缩放】为（1200.0,917.6%），【不透明度】为0%，如图10-63所示。将时间线拖动至4秒05帧位置，设置【位置】为（1139.0,3060.0），【缩放】为（340.0,260.0），【不透明度】为100%。

图 10-63

（11）拖动时间线，此时画面效果如图10-64所示。

图 10-64

（12）在【项目】面板中将素材印章.png拖曳到【时间轴】面板中，如图10-65所示。

图 10-65

（13）在【时间轴】面板中单击打开印章.png图层下方的【变换】，设置【位置】为（1839.0,3466.0），【缩放】为（354.1,354.1%），接着将时间线拖动至4秒05帧位置，单击【不透明度】左边的■（时间变化秒表）按钮，设置【不透明度】为0%，如图10-66所示。再将时间线拖动至4秒20帧位置，设置【不透明度】为100%。

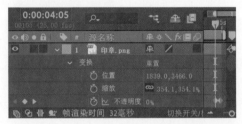

图 10-66

（14）拖动时间线，此时画面效果如图10-67所示。

图 10-67

第11章

短视频设计
综合应用

短视频是一种互联网传播方式，短视频制作简单，内容丰富、短小、有创意，并且可以快速表达个人想法和创意，生动、精确地表达想要传递的内容。

知识要点

❖ 短视频的制作过程
❖ 短视频的应用

11.1 实操："健康食品"短视频

文件路径：资源包\案例文件\第11章
短视频设计综合应用\实操："健康食品"短视频

本案例使用关键帧调整参数，并使用【矩形工具】创建蒙版，然后创建文字，使用【效果和预设】制作文字动画效果。案例效果如图11-1所示。

图 11-1

11.1.1 项目诉求

本案例是以"健康食品"为主题的短视频宣传项目。健康食品在人们的印象中常常与水果相关。本案例要求视频具有水果旋转的效果。

11.1.2 设计思路

本案例以旋转显示水果为基本设计思路，选择各种水果图片作为视频画面主图，先制作将水果旋转并缩放的效果，使画面更加具有动感，再在水果图层的上方制作蒙版，然后创建文字，使画面内容层次更加清晰与丰富。

11.1.3 配色方案

风格：本案例采用高饱和风格，高饱和风格使画面整体具有更强的视觉冲击力，画面的明暗对比更加明显。红色的柿子给人热烈的感觉。绿色的奇异果给人大自然的感觉。黄色的香蕉给人活力感，使画面在不断变换的同时给人不同的感觉。最后将它们放置在同一个画面，画面有强烈的对比，既协调又统一。

11.1.4 版面构图

本案例采用中轴型的构图方式（见图11-2），将文字在版面中间部位呈现，使画面更加完整，同时文字后方的图片使画面更加具有层次感。

图 11-2

11.1.5 项目实战

操作步骤：

1. 制作视频动画

（1）在【项目】面板中单击鼠标右键，在弹出的快捷菜单中执行【新建合成】命令，在打开的【合成设置】对话框中设置【合成名称】为合成1，【预设】为HDTV 1080 25，【宽度】为1920px，【高度】为1080px，【帧速率】为25，【持续时间】为15秒，如图11-3所示。

图 11-3

（2）执行【文件】→【导入】→【文件】命令，导入全部素材。在【项目】面板中将01.mp4素材文件拖曳到【时间轴】面板中，如图11-4所示。

图 11-4

After Effects 2022 影视后期制作案例教程（全彩慕课版）

（3）此时画面效果如图11-5所示。

图 11-5

（4）在【时间轴】面板中选择01.mp4素材文件，展开【变换】，接着将时间线拖动到起始帧位置，单击【旋转】左边的 ⏱（时间变化秒表）按钮，设置【旋转】为0x+0.0°，如图11-6所示。将时间线拖动到15帧位置，设置【旋转】为1x+0.0°，单击【缩放】左边的 ⏱（时间变化秒表）按钮，设置【缩放】为（100.0,100.0%）。将时间线拖动到1秒15帧位置，设置【缩放】为（50.0,50.0%）。

图 11-6

（5）在【时间轴】面板中选择01.mp4图层，在【工具】面板中单击 ▣（矩形工具）按钮，在【合成】面板中绘制一个合适的蒙版，如图11-7所示。

图 11-7

（6）在【时间轴】面板中选择01.mp4图层，展开【蒙版】→【蒙版1】，将时间线拖动至1秒15帧位置，单击【蒙版路径】左边的 ⏱（时间变化秒表）按钮，如图11-8

所示。

图 11-8

（7）将时间线拖动至3秒05帧位置，在【合成】面板中将蒙版移动到合适的位置，如图11-9所示。

图 11-9

（8）将时间线拖动至4秒20帧位置，在【合成】面板中将蒙版移动到合适的位置，如图11-10所示。

图 11-10

（9）在【项目】面板中将02.mp4素材文件拖曳到【时间轴】面板中，如图11-11所示。

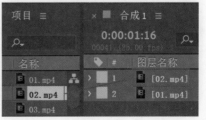

图 11-11

（10）在【时间轴】面板中选择02.mp4

素材文件，按住02.mp4素材向后拖动到起始帧为1秒15帧，展开【变换】，单击【旋转】左边的 ⏱（时间变化秒表）按钮，设置【旋转】为0x+0.0°，如图11-12所示。将时间线拖动到2秒05帧位置，设置【旋转】为1x+0.0°，单击【缩放】左边的 ⏱（时间变化秒表）按钮，设置【缩放】为（100.0,100.0%）。将时间线拖动到3秒05帧位置，设置【缩放】为（50.0,50.0%）。

图 11-12

（11）在【时间轴】面板中选择02.mp4素材文件，在【工具】面板中单击 ▦（矩形工具）按钮，在【合成】面板中绘制合适的蒙版，如图11-13所示。

图 11-13

（12）在【时间轴】面板中选择02.mp4素材文件，展开【蒙版】→【蒙版1】，将时间线拖动到3秒05帧位置，单击【蒙版路径】左边的 ⏱（时间变化秒表）按钮，如图11-14所示。

图 11-14

（13）将时间线拖动至3秒06帧位置，在【合成】面板中将蒙版移动到合适的位置，

如图11-15所示。

图 11-15

（14）将时间线拖动至4秒21帧位置，在【合成】面板中将蒙版移动到合适的位置，如图11-16所示。

图 11-16

（15）拖动时间线，此时画面效果如图11-17所示。

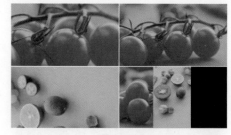

图 11-17

（16）在【项目】面板中将03.mp4素材文件拖曳到【时间轴】面板中，如图11-18所示。

图 11-18

After Effects 2022 影视后期制作案例教程（全彩慕课版）

（17）在【时间轴】面板中选择03.mp4素材文件，按住03.mp4素材向后拖动设置起始帧为3秒05帧，展开【变换】，单击【旋转】左边的◎（时间变化秒表）按钮，设置【旋转】为0x+0.0°，如图11-19所示。将时间线拖动到3秒20帧位置，设置【旋转】为1x+0.0°，单击【缩放】左边的◎（时间变化秒表）按钮，设置【缩放】为（100.0,100.0%）。将时间线拖动到4秒20帧位置，设置【缩放】为（50.0,50.0%）。

图 11-19

（18）在【时间轴】面板中选择03.mp4素材文件，在【工具】面板中单击▢（矩形工具）按钮，在【合成】面板中绘制合适的蒙版，如图11-20所示。

图 11-20

（19）在【时间轴】面板中选择03.mp4素材文件，展开【蒙版】→【蒙版1】，将时间线拖动至3秒05帧位置，单击【蒙版路径】左边的◎（时间变化秒表）按钮，如图11-21所示。

图 11-21

（20）将时间线拖动至4秒20帧位置，在

【合成】面板中将蒙版移动到合适的位置，如图11-22所示。

图 11-22

（21）将时间线拖动至5秒04帧位置，在【合成】面板中将蒙版移动到合适的位置，如图11-23所示。

图 11-23

（22）拖动时间线，此时画面效果如图11-24所示。

图 11-24

2. 创建文字并制作文字动画

（1）在【字符】面板中设置合适的字体样式和颜色，设置【字体大小】为180像素，【垂直缩放】为75%，接着单击🆃🆃（全部大写）按钮，如图11-25所示。

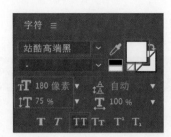

图 11-25

（2）在【工具】面板中单击■（横排文字工具）按钮，在【合成】面板中合适的位置单击并输入文字内容，如图11-26所示。

图 11-26

（3）在【时间轴】面板中选择文字图层，按住文字图层向后拖动设置起始时间为6秒，展开【文本】→【更多选项】，设置【分组对齐】为（0.0,-24.0%），接着展开【变换】，设置【位置】为（246.0,572.0），如图11-27所示。

图 11-27

（4）在【时间轴】面板中设置【时间码】为6秒，在【效果和预设】面板中搜索【按单词模糊】，接着将该效果拖曳到文字图层上，如图11-28所示。

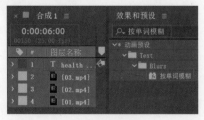

图 11-28

（5）至此，本案例制作完成，拖动时间线，画面效果如图11-29所示。

图 11-29

11.2 实操：幸福时光回忆

文件路径：资源包\案例文件\第11章短视频设计综合应用\实操：幸福时光回忆

本案例主要学习使用关键帧制作旋转淡入显示照片效果。案例效果如图11-30所示。

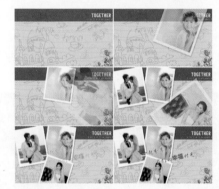

图 11-30

11.2.1 项目诉求

本案例是以"电子相册"为主题的短视频宣传项目。婚纱照常常使用电子相册进行完整展示。本案例要求制作动感电子相册，并且使画面给人幸福感。

11.2.2 设计思路

本案例以照片散落为基本设计思路，先选择相册图片作为画面主体，照片呈现渐渐显现并不断散落的效果，使画面自然且富有动感；再创建文字，在传达信息的同时使画面更加丰富饱满，最后制作文字渐显效果，给人温馨、幸福的感觉。

11.2.3 配色方案

主色：以灰菊色作为画面的主色，如图11-31所示。黄色调给人活力、阳光的感觉，但是亮的黄色也会给人们带来负面影响。灰菊色作为黄色调中饱和度偏低的颜色，使画面更加柔和与稳重。灰菊色作为画面背景色能够使画面中的其他元素更加突出。

图 11-31

辅助色：本案例采用玫瑰红色、白色与皇室蓝色作为辅助色，如图11-32所示。玫瑰红色给人欢快、兴奋的感觉，皇室蓝色给人大方的感觉。两种颜色互为对比色，在使画面更加丰富饱满的同时，也更吸人眼球。白色则起到过渡画面中颜色的作用，使画面更加和谐。

图 11-32

11.2.4 版面构图

本案例采用自由型的构图方式（见图11-33），将散落的照片在画面右侧呈现，给人动感，同时图片上方的文字在点明画面主题的同时，也为画面带来幸福的气息。

图 11-33

11.2.5 项目实战

操作步骤：

1. 制作旋转淡入照片效果

（1）在【项目】面板中单击鼠标右键，在弹出的快捷菜单中执行【新建合成】命令，在打开的【合成设置】对话框中设置【预设】为HDTV 1080 25，【持续时间】为12秒，【背景颜色】为白色，如图11-34所示。

图 11-34

（2）执行【文件】→【导入】→【文件】命令或按组合键Ctrl+I，在打开的【导入文件】对话框中选择所需要的素材，单击【导入】按钮导入素材，如图11-35所示。

图 11-35

（3）在【项目】面板中将素材背景.jpg、照片01.jpg、照片02.jpg和照片03.jpg拖曳到【时间轴】面板中，如图11-36所示。

图 11-36

（4）在【时间轴】面板的空白位置单击鼠标右键，在弹出的快捷菜单中执行【新建】→【纯色】命令，如图11-37所示。

（5）在打开的【纯色设置】对话框中设

置【颜色】为白色，如图11-38所示。

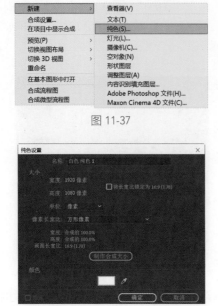

图 11-37

图 11-38

（6）将纯色图层拖曳到照片01.jpg图层下方，如图11-39所示。

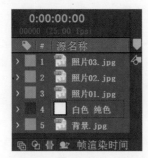

图 11-39

（7）选中该纯色图层，在【工具】面板中选择【矩形工具】，在画面中的合适位置拖动鼠标绘制合适大小的矩形遮罩，如图11-40所示。

图 11-40

（8）在【时间轴】面板中单击选中纯色图层，使用组合键Ctrl+D复制出两个相同的纯色图层，并将其分别拖动至相应照片素材图层下方，如图11-41所示。

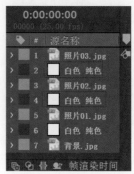

图 11-41

（9）在【时间轴】面板中选中照片01.jpg图层和下方的白色纯色图层，单击鼠标右键，在弹出的快捷菜单中执行【预合成】命令，如图11-42所示。

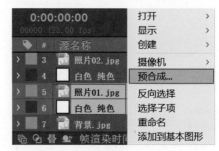

图 11-42

（10）在打开的【预合成】对话框中单击【确定】按钮，如图11-43所示。

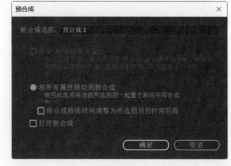

图 11-43

（11）使用相同的方法，在【时间轴】面板中选中照片02.jpg和相应纯色图层进行预合成操作，得到预合成2。接着选中照片03.jpg和相应纯色图层进行预合成操作，得

After Effects 2022 影视后期制作案例教程（全彩慕课版）

到预合成3，如图11-44所示。

图 11-44

（12）在【效果和预设】面板中搜索【投影】效果，并将其拖曳到【时间轴】面板中的预合成1上，如图11-45所示。

图 11-45

（13）在【时间轴】面板中单击打开预合成1下方的【效果】，设置【投影】下的【不透明度】为30%，【距离】为20.0，【柔和度】为50.0，如图11-46所示。

图 11-46

（14）此时画面效果如图11-47所示。

图 11-47

（15）将时间线拖动至起始位置，选择预合成1图层展开，单击打开【变换】，并依次单击【位置】、【缩放】、【旋转】和【不透明度】左边的 （时间变化秒表）按钮，设置【位置】为（2300.0,308.0），【缩放】为（160.0,160.0%），【旋转】为0x+50.0°，【不透明度】为0%，如图11-48所示。再将时间线拖动至3秒位置，设置【位置】为（876.0,308.0），【缩放】为（66.5,66.5%），【旋转】为0x+8.0°，【不透明度】为100%。

图 11-48

（16）拖动时间线，此时画面效果如图11-49所示。

图 11-49

（17）在【时间轴】面板中单击选中预合成1下方的【效果】，按组合键Ctrl+C复制效果，然后选中预合成2，按组合键Ctrl+V粘贴效果，如图11-50所示。

图 11-50

（18）此时画面效果如图11-51所示。

图 11-51

（19）在【时间轴】面板中将时间线拖动至3秒20帧位置，单击打开预合成2下方的【变换】，并依次单击【位置】、【缩放】、【旋转】和【不透明度】左边的 ⏱ （时间变化秒表）按钮，设置【位置】为（2400.0,372.0），【缩放】为（230.0,230.0%），【旋转】为0x-80.0°，【不透明度】为0%，如图11-52所示。再将时间线拖动至6秒位置，设置【位置】为（320.0,372.0），【缩放】为（70.0,70.0%），【旋转】为0x-10.0°，【不透明度】为100%。

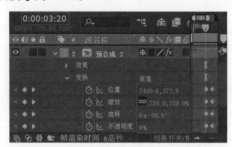

图 11-52

（20）拖动时间线，此时画面效果如图11-53所示。

图 11-53

（21）在【时间轴】面板中选中预合成1下方的【效果】，按组合键Ctrl+C复制效果，接着选中预合成3，按组合键Ctrl+V粘贴效果，如图11-54所示。

图 11-54

（22）此时画面效果如图11-55所示。

图 11-55

（23）在【时间轴】面板中将时间线拖动至5秒20帧位置，单击打开预合成3下方的【变换】，并依次单击【位置】、【缩放】、【旋转】和【不透明度】左边的 ⏱ （时间变化秒表）按钮，设置【位置】为（2600.0,916.0），【缩放】为（200.0,200.0%），【旋转】为0x+120.0°，【不透明度】为0%，如图11-56所示。再将时间线拖动至9秒位置，设置【位置】为（788.0,916.0），【缩放】为（65.2,65.2%），【旋转】为0x+18.0°，【不透明度】为100%。

图 11-56

（24）拖动时间线，此时画面效果如图11-57所示。

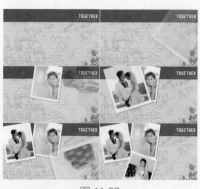

图 11-57

2. 制作文本淡入效果

（1）在【时间轴】的空白位置单击鼠标右键，在弹出的快捷菜单中执行【新建】→【文本】命令，接着在画面中输入文本，选中该文本，在【字符】面板中设置合适的【字体系列】，设置【填充颜色】为蓝色，【描边颜色】为白色，【字体大小】为110像素，【描边宽度】为4像素，【描边类型】为在填充上描边，如图11-58所示。

图 11-58

（2）在画面中将光标定位在文本"一起分享"右边，按Enter键使文本变换为两行，并使用空格键调整文本位置，如图11-59所示。

图 11-59

（3）在画面中选中文本"幸福"，在【字符】面板中设置合适的【字体系列】，设置【填充颜色】为粉色，【描边颜色】为白色，【字体大小】为110像素，【行距】为205像素，【描边宽度】为4像素，【描边类型】为

在描边上填充，并单击下方的【仿粗体】按钮，如图11-60所示。

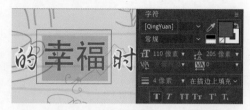

图 11-60

（4）在【时间轴】面板中单击打开文本图层下方的【变换】，设置【位置】为（773.0,504.4），【旋转】为0x-12.0°，接着将时间线拖动至8秒20帧位置，单击【不透明度】左边的 （时间变化秒表）按钮，设置【不透明度】为0%，如图11-61所示。再将时间线拖动至11秒位置，设置【不透明度】为100%。

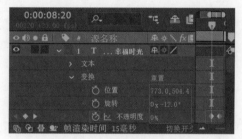

图 11-61

（5）拖动时间线，查看案例最终效果如图11-62所示。

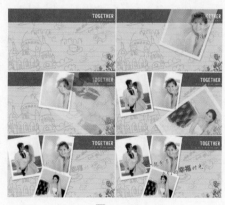

图 11-62

第12章

影视特效设计综合应用

影视特效是影视作品中重要的组合部分，是不可或缺的元素之一。本章为素材添加合适的特效和合成使作品在视觉感受上更逼真。

📂 知识要点

❖ 电影文字追踪特效

❖ 炫酷电流特效

❖ 照片飞舞特效

12.1 实操：电影文字追踪特效

文件路径：资源包\案例文件\第12章 影视特效设计综合应用\实操：电影文字追踪特效

本案例创建文字并使用【描边】效果和蒙版制作文字效果，使用【效果和预设】与关键帧制作文字动画效果，并使用【跟踪器】面板制作出文字追踪效果。案例效果如图12-1所示。

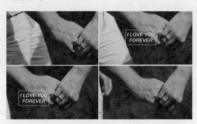

图 12-1

12.1.1 项目诉求

本案例是以"文字追踪"为主题的短视频项目。影视作品中常常出现文字跟随画面中的某一物体移动的场景。本案例要求制作文字跟随效果并具有电影感。

12.1.2 设计思路

本案例以文字追踪手为基本设计思路，选择具有电影感的牵手视频作为画面内容，使画面更加时尚，同时创建文字，并使用跟踪效果使文字追踪人物手部。

12.1.3 配色方案

主色：以深绿色作为画面的主色，如图12-2所示。电影感色调中常常出现冷色调，冷色调中包含了蓝、绿、紫3种颜色。深绿色给人简约、安全的感觉，深绿色作为画面的主色，将画面中人物的肤色衬托得更加突出。

辅助色：本案例采用壳黄红色、白色作为辅助色，如图12-3所示。壳黄红色给人时尚、欢快的感觉。壳黄红色与深绿色为互补色，对人的视觉具有较强的吸引力。但两种颜色的饱和度不高且一明一暗，使画面和谐、统一。白色作为文字的颜色使文字更加突出。

图 12-2　　　　　图 12-3

12.1.4 版面构图

本案例采用满版型的构图方式（见图12-4），将人物牵手图片作为整个画面主图，使画面丰富且具有代入感，文字在画面左侧的位置，使画面更加丰富饱满。

图 12-4

12.1.5 项目实战

操作步骤：

（1）在【项目】面板中单击鼠标右键，在弹出的快捷菜单中执行【新建合成】命令，在打开的【合成设置】对话框中设置【合成名称】为01，【预设】为自定义，【宽度】为960px，【高度】为540px，【帧速率】为23，【持续时间】为5秒10帧，如图12-5所示。

图 12-5

197

（2）执行【文件】→【导入】→【文件】命令，导入全部素材。在【项目】面板中将01.mp4素材文件拖曳到【时间轴】面板中，如图12-6所示。

图 12-6

（3）此时画面效果如图12-7所示。

图 12-7

（4）在【字符】面板中设置合适的字体样式和颜色，设置【字体大小】为30像素，单击 **T**（仿粗体）按钮和 **TT**（全部大写）按钮，如图12-8所示。

图 12-8

（5）在【工具】面板中单击 **T**（文字工具）按钮，在【合成】面板中输入合适的文字内容，如图12-9所示。

图 12-9

（6）在【时间轴】面板中选择文字图层，展开【变换】，设置【锚点】为（175.0,11.0），【位置】为（796.2,353.0），【缩放】为（160.0,160.0%），接着将时间线拖动到15帧位置，单击【不透明度】左边的 ⏱（时间变化秒表）按钮，设置【不透明度】为0%，如图12-10所示。将时间线拖动到1秒02帧位置，设置【不透明度】为100%。将时间线拖动到4秒09帧位置，设置【不透明度】为100%。将时间线拖动到5秒09帧位置，设置【不透明度】为0%。

图 12-10

（7）在【时间轴】面板中选择文字图层，在【工具】面板中单击 ▢（矩形工具）按钮，在【合成】面板中绘制一个矩形蒙版，如图12-11所示。

图 12-11

（8）在【效果和预设】面板中搜索【描边】效果，接着将该效果拖曳到【时间轴】面板中的文字图层上，如图12-12所示。

图 12-12

（9）在【时间轴】面板中选择文字图层，展开【效果】→【描边】，设置【路径】为蒙版1，【画笔大小】为3.0，【画笔硬度】为100%，【不透明度】为60.0%，如图12-13所示。

图 12-13

（10）在【时间轴】面板中设置【时间码】为4秒，在【效果和预设】面板中搜索【蒸发】效果，接着将该效果拖曳到文字图层上，如图12-14所示。

图 12-14

（11）拖动时间线，此时画面效果如图12-15所示。

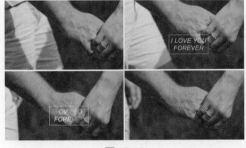

图 12-15

（12）在【时间轴】面板中单击01.mp4素材文件，在【跟踪器】面板中单击【跟踪运动】，如图12-16所示。

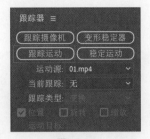

图 12-16

（13）在【跟踪器】面板中勾选【位置】复选框，如图12-17所示。

图 12-17

（14）在【合成】面板中将跟踪点设置在戒指的位置，如图12-18所示。

图 12-18

（15）接着在【跟踪器】面板中单击【向前分析】按钮▶进行分析，然后单击【应用】按钮，如图12-19所示。

图 12-19

（16）至此，本案例制作完成，拖动时间线，画面效果如图12-20所示。

图 12-20

12.2 实操：炫酷电流特效

文件路径：资源包\案例文件\第12章影视特效设计综合应用\实操：炫酷电流特效

本案例创建文字，使用【外发光】图层样式、【残影】效果和【效果和预设】制作文字的科技感动画效果，使用【椭圆工具】与【湍流置换】效果制作电流特效。案例效果如图12-21所示。

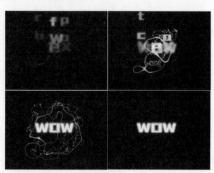

图 12-21

12.2.1 项目诉求

本案例是以"电流特效"为主题的短视频项目。在科技类视频中常常出现电流特效，使画面更具科技感。本案例要求制作具有科技感的文字视频。

12.2.2 设计思路

本案例以科技文字为基本设计思路，使用深蓝色作为画面背景，使画面整体更具有科技感，创建文字并设置文字散落的效果，同时制作电流流动的画面效果。

12.2.3 配色方案

主色：以午夜蓝色作为画面的主色，如图12-22所示。午夜蓝色给人理智、科技的感觉，午夜蓝色作为画面中纯色的背景，使画面突出文字与电流特效，画面更具层次感。

辅助色：本案例采用绿色与白色作为辅助色，如图12-23所示。绿色给人时尚、简约的感觉。绿色与主色为邻近色，使画面在和谐、统一的同时，更具有变化效果。白色给人干净、包容的效果，使画面更具科技感。

图 12-22　　　　　图 12-23

12.2.4 版面构图

本案例采用中轴型的构图方式（见图12-24），将电流与文字组合而成的图案在版面中间部位呈现，这样既保证了物体的完整性，又将信息清楚地传递；电流的添加丰富了版面的细节效果。

图 12-24

12.2.5 项目实战

操作步骤：

（1）在【项目】面板中单击鼠标右键，在弹出的快捷菜单中执行【新建合成】命令，在打开的【合成设置】对话框中设置【合成名称】为合成1，【预设】为NTSC D1 方形像素，【宽度】为720px，【高度】为534px，【像素长宽比】为方形像素，【帧速率】为29.97，【持续时间】为5秒，如图12-25所示。

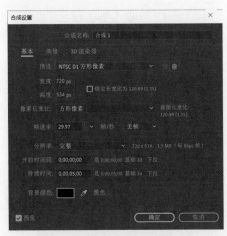

图 12-25

（2）在【时间轴】面板的空白位置单击鼠标右键，在弹出的快捷菜单中执行【新建】→【纯色】命令，如图12-26所示。

图 12-26

（3）在打开的【纯色设置】对话框中设置【名称】为中等灰度-蓝色 纯色1,【颜色】为群青色，如图12-27所示。

图 12-27

（4）此时画面效果如图12-28所示。

（5）在【字符】面板中设置合适的字体样式和颜色，设置【字体大小】为100像素，如图12-29所示。

图 12-28

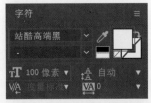

图 12-29

（6）在【工具】面板中单击 T（文字工具）按钮，在【合成】面板中的合适位置单击并输入合适的文字内容，如图12-30所示。

图 12-30

（7）在【时间轴】面板中选择文字图层，展开【变换】，设置【位置】为（344.0,284.0），如图12-31所示。

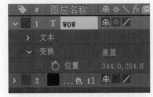

图 12-31

（8）在【效果和预设】面板中搜索【下雨字符入】效果，设置【时间码】为0秒，接着将该效果拖曳到【时间轴】面板中的文字图层上，如图12-32所示。

图 12-32

（9）在【时间轴】面板中用鼠标右键单击，在弹出的快捷菜单中执行【图层样式】→【外发光】命令，如图12-33所示。

图 12-33

（10）在【时间轴】面板中选择文字图层，展开【图层样式】→【外发光】，设置【颜色】为绿色，【大小】为10.0，如图12-34所示。

图 12-34

（11）在【效果和预设】面板中搜索【残影】效果，接着将该效果拖曳到【时间轴】面板中的文字图层上，如图12-35所示。

图 12-35

（12）在【时间轴】面板中选择文字图层，在【效果控件】面板中展开【残影】，设置【残影时间（秒）】为0.250，【残影数量】为4，【衰减】为0.50，如图12-36所示。

图 12-36

（13）拖动时间线，此时画面效果如图12-37所示。

（14）在不选择任何图层的情况下，在【工具】面板栏中单击（椭圆工具）按钮，

取消【填充】，设置【描边颜色】为绿色，【描边粗细】为25像素，在【合成】面板中绘制一个圆形，如图12-38所示。

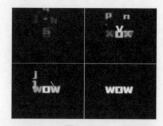

图 12-37

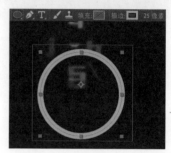

图 12-38

（15）在【时间轴】面板中单击形状图层1，展开【内容】→【描边1】，接着将时间线拖动到起始时间位置，单击【描边宽度】左边的（时间变化秒表）按钮，设置【描边宽度】为25.0，如图12-39所示。将时间线拖动到2秒位置，设置【描边宽度】为0。

图 12-39

（16）选择2秒位置，用鼠标右键单击关键帧，在弹出的快捷菜单中执行【关键帧辅助】→【缓出】命令，或使用组合键Ctrl+Shift+F9，如图12-40所示。

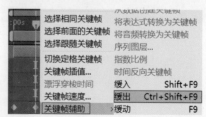

图 12-40

（17）在【时间轴】面板中单击形状图层1，展开【变换】，接着将时间线拖动到起始时间位置，单击【缩放】左边的 ⏱（时间变化秒表）按钮，设置【缩放】为（0.0，0.0%），如图12-41所示。将时间线拖动到2秒位置，设置【缩放】为（100.0，100.0%）。接着选择2秒位置的关键帧，使用组合键Ctrl+Shift+F9制作关键帧淡出效果。

图 12-41

（18）在【效果和预设】面板中搜索【湍流置换】效果，接着将该效果拖曳到【时间轴】面板中的形状图层1上，如图12-42所示。

图 12-42

（19）在【时间轴】面板中单击形状图层1，展开【效果】→【湍流置换】，设置【数量】为80.0，【大小】为70.0，【复杂度】为8.0，接着将时间线拖动到起始时间位置，单击【演化】左边的 ⏱（时间变化秒表）按钮，设置【演化】为0x+0.0°，如图12-43所示。将时间线拖动到4秒29位置，设置【演化】为1x+0.0°。

图 12-43

（20）在不选择任何图层的情况下，在【工具】面板中单击 ⬭（椭圆工具）按钮，取消【填充】，设置【描边颜色】为【淡绿色】，【描边粗细】为25像素，在【合成】面板中绘制一个圆形，如图12-44所示。

图 12-44

（21）在【时间轴】面板中单击形状图层2，展开【内容】→【椭圆1】→【描边1】，接着将时间线拖动到起始时间位置，单击【描边宽度】左边的 ⏱（时间变化秒表）按钮，设置【描边宽度】为25.0，如图12-45所示。将时间线拖动到2秒位置，设置【描边宽度】为0。接着选择2秒位置的关键帧，使用组合键Ctrl+Shift+F9制作关键帧淡出效果。

图 12-45

（22）展开【变换】，将时间线拖动到起始时间位置，单击【缩放】左边的 ⏱（时间变化秒表）按钮，设置【缩放】为（0.0，0.0%），将时间线拖动到2秒位置，设置【缩放】为（100.0，100.0%），如图12-46所示。接着选择2秒位置的关键帧，使用组合键Ctrl+Shift+F9制作关键帧淡出效果。

图 12-46

（23）在【效果和预设】面板中搜索【湍

流置换】效果，接着将该效果拖曳到【时间轴】面板中的形状图层2上，如图12-47所示。

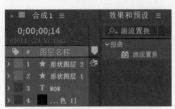

图 12-47

（24）在【时间轴】面板中单击形状图层1，展开【效果】→【湍流置换】，设置【数量】为230.0，【大小】为130.0，【复杂度】为3.0，接着将时间线拖动到起始时间位置，单击【演化】左边的 ⏱ （时间变化秒表）按钮，设置【演化】为0x+0.0°，如图12-48所示。将时间线拖动到4秒29位置，设置【演化】为0x+200.0°。

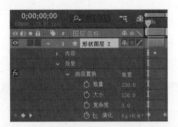

图 12-48

（25）使用同样的方法绘制椭圆，设置合适的描边大小与位置动画。至此，本案例制作完成，拖动时间线，画面效果如图12-49所示。

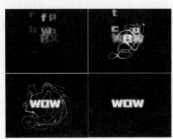

图 12-49

12.3 实操：照片飞舞特效

文件路径：资源包\案例文件第12章
影视特效设计综合应用\实操：照片
飞舞特效

本案例开启素材文件的【3D图层】，并使用关键帧调整参数制作照片飞舞的效果。案例效果如图12-50所示。

图 12-50

12.3.1 项目诉求

本案例是以"照片飞出效果"为主题的短视频项目。在影视作品中常常出现照片飞出的效果。本案例要求制作照片飞出的画面效果，且给人科技感。

12.3.2 设计思路

本案例以飞出照片为基本设计思路，选择电脑屏幕展示的图片作为画面背景，使画面更具有科技感，并选择合适的照片，制作照片在不同时间、从不同角度飞出的画面效果，使画面有飞出的动感。

12.3.3 配色方案

主色：以亮灰色作为画面的主色，如图12-51所示。亮灰色给人简约、雅致的感觉。亮灰色作为画面主色，在突出其他颜色的同时，也使画面统一、和谐。

图 12-51

辅助色：本案例采用水晶蓝色、品紫红色、白色与墨绿色作为辅助色，如图12-52所示。水晶蓝色给人科技、沉静的感觉。品紫红色给人甜美、柔和的感觉。白色给人干净、清透感。墨绿色作为画面的重色，使画面更加稳定与丰富，画面更具有层次感。

图 12-52

After Effects 2022 影视后期制作案例教程（全彩慕课版）

12.3.4 版面构图

本案例采用自由型的构图方式（见图12-53），将电脑屏幕作为展示主图，飞舞的照片使画面具有动感，同时也丰富了画面。

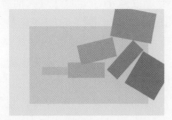

图 12-53

12.3.5 项目实战

操作步骤：

（1）在【项目】面板中单击鼠标右键，在弹出的快捷菜单中执行【新建合成】命令，在打开的【合成设置】对话框中设置【合成名称】为背景，【宽度】为1500px，【高度】为1013px，【帧速率】为25，【持续时间】为5秒，如图12-54所示。

图 12-54

（2）执行【文件】→【导入】→【文件】命令，导入全部素材。在【项目】面板中将背景.jpg素材文件拖曳到【时间轴】面板中，如图12-55所示。

图 12-55

（3）此时画面效果如图12-56所示。

图 12-56

（4）在【项目】面板中将01.jpg素材拖曳到【时间轴】面板中，如图12-57所示。

图 12-57

（5）在【时间轴】面板中选择01.jpg素材文件，单击（3D图层）按钮，开启3D图层，接着展开【变换】，设置【位置】为（487.6,583.6,272.6），【方向】为（279.0°,359.0°,8.0°），将时间线拖动到起始时间位置，单击【缩放】、【不透明度】左边的（时间变化秒表）按钮，设置【缩放】为（0.0,0.0,0.0%），【不透明度】为0%，如图12-58所示。将时间线拖动到6帧位置，设置【缩放】为（100.0,100.0,100.0%），【不透明度】为100%。

图 12-58

（6）在【项目】面板中将02.jpg素材拖曳到【时间轴】面板中，如图12-59所示。

图 12-59

（7）在【时间轴】面板中选择02.jpg素材文件，单击▣（3D图层）按钮，开启3D图层，接着展开【变换】，设置【方向】为（307.0°,24.0°,3.0°）。将时间线拖动到7帧位置，单击【位置】、【缩放】、【X轴旋转】左边的◎（时间变化秒表）按钮，设置【位置】为（480.7,434.8,112.8），【缩放】为（0.0,0.0,0.0%），【X轴旋转】为0x-37.0%，如图12-60所示。将时间线拖动至11帧位置，设置【缩放】为（100.0,100.0,100.0%）。将时间线拖动到21帧位置，设置【位置】为（853.9,391.4,112.8），【X轴旋转】为0x+0.0%。将时间线拖动到10帧位置，单击【不透明度】左边的◎按钮，设置【不透明度】为0%。将时间线拖动至14帧位置，设置【不透明度】为100%。

（10）在【时间轴】面板中选择03.jpg素材文件，单击▣（3D图层）按钮，开启3D图层，展开【变换】，设置【方向】为（295.0°,5.0°,0.0°）。将时间线拖动到3帧位置，单击【位置】、【缩放】、【X轴旋转】、【不透明度】左边的◎（时间变化秒表）按钮，设置【位置】为（560.4,380.9,143.9），【缩放】为（0.0,0.0,0.0%），【X轴旋转】为0x+82.0°，【不透明度】为0%，如图12-63所示。将时间线拖动至7帧位置，设置【缩放】为（100.0,100.0,100.0%），【X轴旋转】为0x+0.0°，【不透明度】为100%。将时间线拖动到17帧位置，设置【位置】为（745.9,574.6,143.9）。

图 12-63

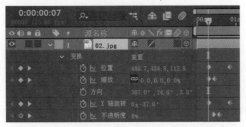

图 12-60

（8）拖动时间线，此时画面效果如图12-61所示。

（11）使用同样的方法开启3D图层并使用关键帧设置合适的数值，制作剩余素材文件照片飞出效果。至此，本案例制作完成，拖动时间线，画面效果如图12-64所示。

图 12-61

图 12-64

（9）在【项目】面板中将03.jpg素材拖曳到【时间轴】面板中，如图12-62所示。

图 12-62